廖 鼎　朱顺鹏／著

缺口结构疲劳分析
与寿命预测方法：从材料到结构

Fatigue Analyses and Life Prediction Methods
of Notched Members: From Materials to Structures

U0221914

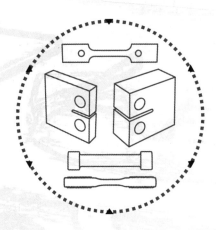

DOCTORAL

电子科技大学出版社
University of Electronic Science and Technology of China Press

·成都·

图书在版编目（CIP）数据

缺口结构疲劳分析与寿命预测方法：从材料到结构 /
廖鼎，朱顺鹏著. -- 成都：成都电子科大出版社，
2025. 1. -- ISBN 978-7-5770-1314-5

Ⅰ. TB301

中国国家版本馆 CIP 数据核字第 2024FF7493 号

缺口结构疲劳分析与寿命预测方法：从材料到结构
QUEKOU JIEGOU PILAO FENXI YU SHOUMING YUCE FANGFA : CONG CAILIAO DAO JIEGOU

廖　鼎　朱顺鹏　著

出 品 人　田　江
策划统筹　杜　倩
策划编辑　高小红　饶定飞
责任编辑　姚隆丹
责任设计　李　倩　姚隆丹
责任校对　唐　宁
责任印制　梁　硕

出版发行　电子科技大学出版社
　　　　　成都市一环路东一段159号电子信息产业大厦九楼　邮编　610051
主　　页　www.uestcp.com.cn
服务电话　028-83203399
邮购电话　028-83201495

印　　刷　成都久之印刷有限公司
成品尺寸　170 mm×240 mm
印　　张　13
字　　数　200 千字
版　　次　2025年1月第1版
印　　次　2025年1月第1次印刷
书　　号　ISBN 978-7-5770-1314-5
定　　价　80.00元

版权所有，侵权必究

序

FOREWORD

当前，我们正置身于一个前所未有的变革时代，新一轮科技革命和产业变革深入发展，科技的迅猛发展如同破晓的曙光，照亮了人类前行的道路。科技创新已经成为国际战略博弈的主要战场。习近平总书记深刻指出："加快实现高水平科技自立自强，是推动高质量发展的必由之路。"这一重要论断，不仅为我国科技事业发展指明了方向，也激励着每一位科技工作者勇攀高峰、不断前行。

博士研究生教育是国民教育的最高层次，在人才培养和科学研究中发挥着举足轻重的作用，是国家科技创新体系的重要支撑。博士研究生是学科建设和发展的生力军，他们通过深入研究和探索，不断推动学科理论和技术进步。博士论文则是博士学术水平的重要标志性成果，反映了博士研究生的培养水平，具有显著的创新性和前沿性。

由电子科技大学出版社推出的"博士论丛"图书，汇集多学科精英之作，其中《基于时间反演电磁成像的无源互调源定位方法研究》等28篇佳作荣获中国电子学会、中国光学工程学会、中国仪器仪表学会等国家级学会以及电子科技大学的优秀博士论文的殊誉。这些著作理论创新与实践突破并重，微观探秘与宏观解析交织，不仅拓宽了认知边界，也为相关科学技术难题提供了新解。"博士论丛"的出版必将促进优秀学术成果的传播与交流，为创新型人才的培养提供支撑，进一步推动博士教育迈向新高。

青年是国家的未来和民族的希望，青年科技工作者是科技创新的生力军和中坚力量。我也是从一名青年科技工作者成长起来的，希望"博士论丛"的青年学者们再接再厉。我愿此论丛成为青年学者心中之光，照亮科研之路，激励后辈勇攀高峰，为加快建成科技强国贡献力量！

中国工程院院士

2024 年 12 月

前　言

PREFACE

随着现代工程装备朝着高速、重载、轻量等趋势发展，结构强度安全冗余降低，致使零部件破坏概率增大、失效事件增多，结构疲劳研究的重要性愈发凸显。然而，由于影响疲劳强度/寿命的因素众多，且绝大多数因素当前仍未能基于失效物理作有效、定量数学描述，故而无法精确评定结构的疲劳强度/寿命。因此，为保证结构运行安全，在设计中往往选用较保守的寿命模型。但是，保守的寿命预测结果会显著压缩设计空间，导致过度冗余设计，降低装备服役性能。

大量实验室试验及工程案例显示，疲劳失效往往始于开孔、开槽、过渡圆角等几何不连续特征（在疲劳分析中统称为缺口）处。缺口会导致局部应力集中，附近高应力区材料单元在循环载荷作用下更易发生位错滑移，逐渐形成微裂纹并扩展直至结构失效。面对多影响因素问题，工程常规做法是发展涵盖主要影响因素的高精度模型，并辅以适当安全系数描述，以考虑影响因素以及认知不确定性的影响。针对工程结构疲劳失效普遍发生在缺口部位这一关键特征，本书紧扣缺口效应这一影响精确疲劳定寿的主要因素，同时虑及尺寸效应、平均应力效应和概率疲劳等重要因素，开展了试验研究、机理分析、理论建模和工程应用，为复杂工程缺口结构疲劳分析与寿命预测提供了理论和方法支撑。

第一章详细介绍了开展从材料到结构的缺口结构疲劳分析与寿命预测方法研究的重要意义，并针对从该工程问题中凝练出来的缺口效应、尺寸效应、平均应力效应和概率疲劳等四个关键要素的研究现状进行了细致梳理。接着，介绍了本书研究思路和主要内容。

第二章明确了尺寸效应对缺口结构疲劳损伤演化的作用机理。基于航空用Al 7075-T6511合金光滑件及不同比例缺口件疲劳试验，探明了尺寸效应对缺口结构疲劳失效进程的作用，明确了该合金随载荷水平增大失效模式逐渐由疲劳损伤向脆性断裂过渡，统计了疲劳失效过程中萌生和扩展阶段寿命分数，断面分析发现了疲劳辉纹间距随试件尺寸和载荷水平增大而增大的总体趋势，获取了尺寸效应影响缺口件应力分布进而影响其疲劳强度的微观证据。

第三章探明了平均应力效应对缺口结构疲劳强度的影响规律。通过不同应力比下盘用GH4169合金缺口件疲劳试验，明确了平均应力效应对缺口结构疲劳失效行为的影响，断面微结构分析发现不同载荷水平和不同应力比下GH4169合金缺口件失效均呈周向环布多裂纹萌生特征，证实了Walker和改进Walker应力-寿命模型关联不同应力比下缺口疲劳试验数据能力不足。

第四章构建了一种通用总应变能密度-寿命方程并发展了概率能量场强法。考虑到基于应变能密度的疲劳寿命预测模型效果好却无规范表达式的现状，提出了一种通用总应变能密度-寿命方程及确定相关模型参数的标准流程，经两种材料光滑件疲劳试验数据验证较Manson-Coffin-Basquin方程关联效果更佳。据此针对失效位置相对固定的缺口疲劳场景，建立了能量场强法并引入有效损伤区体积比修正了尺寸效应的影响，最后提取Al 7075-T6511合金疲劳试验数据分散特征对能量场强法进行了概率化处理，经不同比例/载荷水平下缺口疲劳试验数据验证有效。

第五章建立了尺寸效应下缺口结构概率疲劳寿命预测的全域损伤模型。聚焦多部位损伤特征下复杂工程结构疲劳强度设计与评定需求，建立了一种缺口结构概率疲劳寿命预测的全域损伤理论，综合考虑了缺口效应、尺寸效应、多轴疲劳和数据分散等因素，所提模型描述疲劳性能尺寸效应及数据分散性的能力经不同尺寸光滑件疲劳试验数据验证有效，另其描述疲劳寿命及其分散性随载荷和尺寸变化规律的能力经TA19合金缺口试件疲劳试验数据验证有效。

第六章提出了应变能为参量的临界距离模型并用于高压涡轮盘疲劳寿命预测。围绕平均应力下缺口结构疲劳寿命预测需求，确定了任意应力比下均可稳定描述损伤分布的损伤参量，据此发展了基于能量参量的临界距离模型，适用于缺口件疲劳寿命预测，并经GH4169合金缺口试件疲劳试验数据验证有效，经有限元分析，明确了在三种典型工况下某型发动机高压涡轮盘的疲劳危险点均为榫槽最内侧的第三圆弧，最后提取该处附近循环响应应用所提模型预测了其疲劳寿命。

第七章对本书的关键内容做了细致总结，并基于此对复杂工程缺口结构疲劳分析与寿命预测中有待进一步研究的工作进行了展望。

感谢电子科技大学出版社"博士论丛"出版项目的资助，让笔者有机会将攻读博士期间在导师朱顺鹏教授悉心指导下完成的部分研究工作整理成书。在此，一并感谢我在电子科技大学、波尔图大学、代尔夫特理工大学学习期间给予我关心和帮助的老师和朋友。感谢我的亲人们，您们无私的爱是我不断前进的动力源泉。

本书瞄准工程缺口部件的疲劳问题，旨在凸显开展由材料到结构的疲劳分析与寿命预测研究的重要意义。为此，强化了对工程背景和研究现状的介绍，以期帮助读者了解和理解疲劳在科学研究和工程设计两个层面的差异，从而推动疲劳领域基础理论研究和实际工程应用的深度融合。为了表达的正确性，同时考虑受众的阅读习惯，本书中部分保留了原文献中的英文表达。限于笔者的知识水平，书中难免有不妥和错误，恳请读者不吝批评和指正。

廖 鼎

2024 年 10 月

目录
CONTENTS

第一章

绪　论

1.1　研究背景和意义

为更好地满足人民群众对美好生活的向往和产业发展的需求，现代工程装备和结构朝着极限尺寸、极限载荷和极限参数三个趋势发展，材料服役环境也不断迫近其承载力极限，在结构强度领域的实际工程需求则是提升结构完整性和服役可靠性以避免生命和财产损失。图1-1列举的高铁、飞机和船舶等三种关键大型装备，均包含疲劳损伤极其敏感的关键部件（分别是走行部件、发动机和汽轮机），故而发展可靠的疲劳强度评估理论和方法对其安全服役至关重要。

具体而言，疲劳主要面向科学研究和工程设计两个层面。针对这两者的区别，Smith[1]作了细致说明（图1-2）。他指出，科学研究主要是为了解释所观察到的现象或行为，而工程设计的目标则是获取安全的设计方案。科学研究比较关注均值数据，并尝试将对现象或行为的解释延拓至工程应用；而工程设计更关注极值数据，期望以低成本获取更高的存活概率。

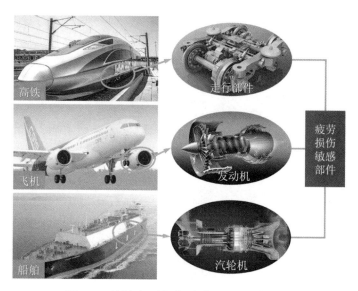

图 1-1 关键大型设备疲劳损伤敏感部件

当今，材料疲劳行为研究已有较深积淀，热机械[2]、多轴[3]、增材[4]及晶体塑性[5]等疲劳研究子方向迅猛发展。然而，材料疲劳行为研究并不能直接指导结构疲劳强度设计，工程中往往须引入分项安全系数弥补对疲劳失效机理的不完备认知以保证结构安全，但这种经验做法显然无法满足现代工程最优化设计的发展需求。如何在材料疲劳行为研究和结构疲劳强度设计间架桥？针对这一重要工程需求，本书研究了缺口效应、尺寸效应、平均应力效应和概率疲劳四个关键科学问题。

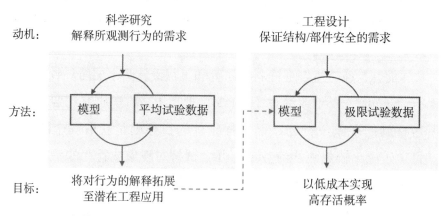

图 1-2 疲劳在科学研究和工程设计两个层面动机、方法和目标的区别[1]

大量实践表明，结构疲劳失效往往始于几何不连续特征处（图1-3）。从宏观角度来看，缺口通常表现为导致局部应力集中的几何不连续特征；而从微观角来看，缺口则可能体现为微结构缺陷，如晶格缺陷、夹杂物以及孔隙等。缺口效应指几何不连续特征所致不均匀应力分布对疲劳损伤演化的影响[6]。缺口效应在疲劳研究中极为关键，其与理论应力集中系数、缺口半径、试件类型和尺寸、加载类型及材料类型等众多因素相关[7]。

在缺口根部附近，由于存在显著应力梯度，内部材料单元所承受载荷水平低于表面材料单元。当表面附近高应力体积区材料单元在循环载荷作用下发生位错运动时，离表面较远区域材料单元因为所受应力水平较低，对裂纹萌生和扩展起到阻滞和限制作用[8]。因此，光滑件和缺口件的 S - N 曲线（图1-4）无法通过简便的转换进行关联，尤其是面对复杂的缺口结构时，精确定寿难题一直存在。传统缺口疲劳寿命分析方法中，局部应力-应变法偏保守，而名义应力法则过于乐观[9]。

（a）航空发动机压气机低压三级轮盘销钉孔处出现穿透性疲劳裂纹并延伸至盘体[10]

（b）超临界600 MW机组给水泵汽轮机第2级动叶片叶根疲劳[11]

（c）汽车发动机曲轴疲劳断裂

（d）轨道大桥吊索叉耳螺杆疲劳断裂

图1-3　结构疲劳失效于几何不连续特征处示例

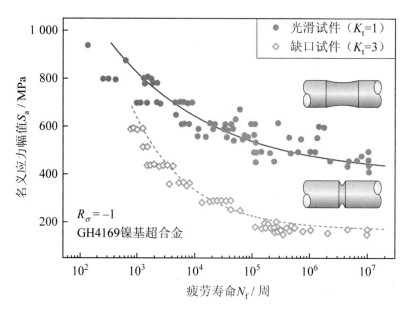

图1-4　光滑件和缺口件*S-N*曲线对比[12]

　　遗憾的是，缺口结构在工程中广泛存在，不可避免[13]。以飞机为例，一方面，出于轻量化的考量，在翼梁和翼肋会设计大量减重孔；另一方面，为满足连接和装配需求，也会引入如螺钉孔、焊缝接头、榫连结构等缺口特征。此外，还有一些因功能性需求而辟出的几何不连续结构，如登机门、观察窗等。鉴于此，阐明缺口效应对疲劳损伤演化的影响机理，并建立高精度寿命预测模型极为关键。

　　另外，受试验成本和设备限制，工程中大多先开展小尺寸材料级试验获取力学和疲劳参数并建立寿命模型，而后据此对所设计全尺寸结构开展有限元仿真分析，最后提取危险点处的循环应力−应变响应代入寿命模型预测寿命[14]。显然，在该过程中，忽略了材料级试件和全尺寸工程结构的尺寸差异。尺寸效应泛指尺寸相关因素对材料/结构疲劳强度的影响。传统经验做法是引入疲劳尺寸系数进行修正，但对具体工程问题下的取值方案莫衷一是[15]。

　　显然，工程结构必然与用于测定材料力学和疲劳性能参数的材料级试件存在几何形状和尺寸上的差异。据此，开展工程结构疲劳寿命预测时需要兼顾缺口效应和尺寸效应。西门子汽轮机材料与技术部门牵头成立的联合课题组在汽轮机设计中也深刻指出实现材料级疲劳试验数据向真实结构疲劳强度的稳健传递须兼顾缺口效应和尺寸效应[16-17]。据此，为满足关键装备疲劳寿命/强度精细化设计需求，必须建立尺寸效应下缺口结构疲劳寿命预测的高置信度模型。

平均应力效应是缺口效应和尺寸效应外影响疲劳强度的又一重要因素。Socie[18]在报告中给出的某型战斗机发动机在多任务模式下的载荷谱显示其转速具有极强随机性，这导致战斗机整体结构受到变应力比非对称载荷作用。据此，有必要阐明平均应力效应的影响以实现随机载荷下疲劳累积损伤计算。考虑到结构疲劳失效大多源于缺口特征处，有必要开展平均应力下缺口结构寿命预测方法研究。

最后一个重要关注点则是疲劳行为的本征分散性。高端装备制造产业的发展必然需要与之相适应的先进结构强度设计理论与评定方法。虑及疲劳损伤演化行为的固有不确定性和现代机械结构强度理论的最优化设计发展趋势，概率疲劳建模方法愈发受到关注。面向国家重大战略需求，尤其是《中华人民共和国国民经济和社会发展第十四个五年规划和2035年远景目标纲要》、《中国制造2025》中"质量为先"的基本方针，以及近期工业和信息化部等五部门联合发布的《制造业可靠性提升实施意见》，发展概率疲劳设计理论和方法研究有助于提升工程结构的质量和可靠度，从而在激烈的国际市场商业竞争中赢得主动，占据先机。

本书在国家自然科学基金重点项目"面向服役安全的热端结构损伤容限可靠性设计理论与方法研究"（批准号：12232004）和国家自然科学基金面上项目"尺寸效应下含缺陷热端部件的概率损伤容限设计与寿命评估"（批准号：11972110）等项目资助下完成。围绕缺口结构疲劳分析与寿命预测这一重要理论和工程需求，基于航空用Al 7075-T6511合金和发动机高压涡轮盘用GH4169镍基合金，分别设计并开展了尺寸效应及平均应力效应下缺口结构疲劳试验，据此探明了缺口效应、尺寸效应及平均应力效应的作用机理，建立了尺寸效应下缺口结构疲劳寿命预测的能量场强法和全域损伤理论及平均应力下缺口结构疲劳寿命预测的基于能量参量的临界距离理论（theory of critical distance，TCD），实现了材料疲劳行为研究和结构疲劳强度设计的有机串联，为复杂工程缺口结构疲劳强度设计与评定提供了理论和方法支撑。

1.2 研究现状

1.2.1 缺口效应

工程中实际的零、构件常常存在不同形式的缺口，如孔洞、圆角、沟槽、台阶等。在外部载荷作用下，缺口根部附近会形成显著应力梯度。缺口处的应力集中将削弱局部材料单元的抗疲劳性能，诱发疲劳裂纹从这些位置形核并扩展。因此，研究缺口效应对结构疲劳强度的影响非常重要。图1-5为缺口结构应力分布示意图。

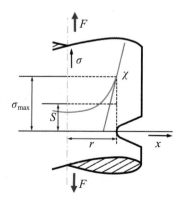

图1-5　缺口结构应力分布示意图

缺口特征所致应力集中严重程度可以用弹性应力集中系数来描述。弹性（理论）应力集中系数 K_t（可借助弹性力学分析、有限元计算或试验应力测量等方法得到，也可查阅弹性应力集中手册获取）是缺口处最大实际应力 $\sigma_{\max}$ 与该处名义应力 S（指不考虑缺口引入的应力集中，而按净面积计算得到的平均应力）之比。

疲劳缺口系数 K_f 的定义为

$$K_f = \frac{S_{s,-1}}{S_{n,-1}} \qquad (1\text{-}1)$$

式中，$S_{s,-1}$ 为光滑件在对称加载下的疲劳极限；$S_{n,-1}$ 为缺口件在对称加载下的疲劳极限。缺口应力集中会降低结构疲劳强度，因此，K_f 是一个大于 1 的系数。

很明显，疲劳缺口系数 K_f 与弹性应力集中系数 K_t 相关。具体而言，K_t 越大，应力集中越显著，从而疲劳寿命越短，K_f 也就越大。但是，大量试验研究结果也表明，K_f 并不等于 K_t，因为弹性应力集中系数 K_t 只与缺口几何形状相关，而疲劳缺口系数 K_f 却与材料有关，其中，材料的塑性是主要影响因素之一。一般而言，K_f 小于 K_t，二者间的关系可用缺口敏感系数 q 近似表示为

$$q = \frac{K_f - 1}{K_t - 1}, \quad 0 \leqslant q \leqslant 1 \qquad (1\text{-}2)$$

缺口敏感系数 q 与缺口和构件的几何形貌以及材料类型有关，可从设计手册中查得，系 K_f 和 K_t 一致性的量度。由于与疲劳缺口系数 K_f 相关的载荷形式、平均应力、加载次数、机械加工、热处理，以及环境条件等外在因素均存在随机性，故研究疲劳缺口系数时，通常仅考虑主要影响因素并利用概率统计方法处理。虽然迄今尚无可囊括所有影响因素的表达式，但已有不少实用价值良好的 K_f 表达式[19-25]。

迄今，经验公式在工程中仍有应用[16]，且为简化计算，近期仍有发展和创新[26-28]；但是，由于其经验属性所导致的低精度，学术层面围绕其的研究已相对较少。

除前述缺口效应经验表达式外，缺口结构疲劳分析方法还有名义应力法[29]、局部应力–应变法[30]、断裂力学模型[31]、临界距离理论[32]以及加权控制参量法[9]等。其中，名义应力法和局部应力–应变法以其简便性在工程中使用较多。

（1）名义应力法

名义应力法在抗疲劳设计方法中形成较早[33]，其基于疲劳危险部位的理论应力集中系数和名义应力，对照材料或结构的 S - N 曲线，结合载荷谱和疲劳累积损伤准则计算疲劳寿命或校核疲劳强度[34]。名义应力法规定，由相同材料加工的任意结构，若两者应力集中系数和名义载荷谱均相同，则疲劳寿命相等[15]。有限寿命分析时，名义应力法需用到各种 K_t 下的 S - N 或等寿命曲线；对于无限寿命设计，则需各种 K_t 下的疲劳极限图。虽然迄今已积累大量的 S - N 曲线，但虑及实际结构和载荷的复杂性，且新材料被不断开发并应用于工程实际，故现有的 S - N 曲线远远不够。

在基于名义应力法做结构疲劳寿命预测时，有两种常规策略[15]：其一是直接按照其名义应力和理论应力集中系数查找对应的 S - N 曲线来确定疲劳寿命；其二是将材料的 S - N 曲线经适当变化转换为所研究结构的 S - N 曲线以计算疲劳寿命。相较而言，第一种策略较可靠，但由于结构几何形貌和受载情况多样，所以绝大多数情况下第一种策略不可行，而必须采用第二种策略。通常，将材料的 S - N 曲线转换为结构的 S - N 曲线，需要考虑疲劳缺口系数、尺寸系数、表面质量系数以及加载方式等诸多因素[15]。结构在服役过程中往往受随机载荷的作用，对此，名义应力法通过利用等寿命曲线将载荷等效为对称循环载荷来考虑平均应力的影响。在将双参数问题简化为单参数问题的过程中，不可避免会引入误差[35]。因此，胡俏等[36]引入 S_a - S_m - N 曲面方程，以同时考虑应力幅值和平均应力的影响，并据此建立了一种双参数名义应力法。该方法经试验数据验证，显著提升了疲劳寿命的预测精度。

以上为传统的名义应力法。除此以外，名义应力法还有其他若干分支，如应力严重系数法[37-38]、结构细节额定系数法[39]等。其中，针对飞机结构连接件疲劳强度评定需求发展而来的应力严重系数法应用较多。该方法首先对所研究结构做有限元分析，提取钉孔处的钉传载荷和旁路载荷，进而求出孔边的应力严重系数作为理论应力集中系数，最后基于相同理论应力集中系数缺口件的 $S - N$ 曲线预测结构连接件的疲劳寿命[15]。此外，张成成等[40]发展了一种针对复杂几何边界的应力严重系数法，该方法解决了复杂几何边界应力分析的建模复杂性和计算耗时问题，便利了其在工程中的应用。

为将名义应力法拓展至多轴加载（含比例和非比例）情形，学者们尝试耦合不同形式名义应力和理论应力集中系数构造等效名义应力以更好关联疲劳损伤[29]。Gough 和 Pollard[41]基于 von Mises 屈服准则定义了弯扭多轴载荷下等效名义应力：

$$S_{eq} = \sqrt{\left(S_b \cdot K_{t,b}\right)^2 + 3\left(S_t \cdot K_{t,t}\right)^2} \tag{1-3}$$

式中，S_b 和 S_t 分别为净截面上的弯曲应力和扭转应力；$K_{t,b}$ 和 $K_{t,t}$ 分别为理论弯曲集中系数和理论扭转应力集中系数。

试验数据对比显示，该准则在单轴和比例多轴加载下效果良好，但是在非比例多轴加载下，其关联效果较差。据此，Sonsino[42]通过考虑局部剪应力在不同材料平面上的相互作用来描述非比例加载效应的影响。此外，吴文涛和王英玉[43]基于薄壁件多轴疲劳试验研究，也提出了等效名义应力的定义。

名义应力法原理简单直观、操作简便，在早期疲劳强度设计与评估中起到了重要作用。迄今，其仍被认为是航空发动机盘心疲劳强度评估的有效工程方法。然而，随着对疲劳研究的不断深入和对预测精度要求的提升，其基本假设的缺陷也逐渐暴露出来。名义应力法认为疲劳寿命仅与缺口根部最大应力有关，与附近应力分布无关。事实上，即便结构应力集中系数相同，若其缺口根部应力场分布不同，疲劳寿命亦不相同，这一点后续第二章表2-7中不同比例下 Al 7075-T6511 板状缺口试件疲劳寿命随尺寸而变化的规律可作旁证。另外，该方法需开展大量疲劳试验以确定各型 S - N 曲线，时间和经费成本过高，工程应用不便。

（2）局部应力–应变法

不同于名义应力法从整体受载角度开展疲劳损伤建模，鉴于结构疲劳失效往往始于局部疲劳损伤累积，局部应力–应变法认为缺口结构的疲劳寿命/强度由缺口根部危险点处循环应力–应变响应历程决定[44]。该方法假设同种材料制成的光滑件和缺口件，若缺口件危险点处循环应力–应变响应历程与光滑件标距段（试验段）循环应力–应变响应历程一致，则两者寿命相等[15]。目前，局部应力–应变法常用于航空发动机高应力梯度部位的疲劳强度设计与评定。

名义应力法使用理论应力集中系数。不过，虽然工程结构在服役期间总体上处于弹性范围，但是受应力梯度影响，缺口根部受载较高，表面材料单元往往会进入塑性状态。此时，应力、应变间不再呈现线性关系。据此，名义应力法的处理方式显然不合理。由于结构危险部位进入塑性后，其应变的变化远快于应力，故同时采用局部应力和应变作为控制参量以期更好地把握疲劳损伤演化趋势。

局部应力–应变响应计算的可靠性直接影响疲劳寿命预测精度。据报道，疲劳寿命对局部应变十分敏感，其在10%范围内波动甚至可导致所预测寿命的数倍差距[15]。据此，必须保证局部应力–应变响应数据的可靠性。目前，确定局部应力–应变响应主要有三种方法：①试验测得，②弹塑性有限元分析，③近似计算。其中，试验测得的局部应力–应变响应最直接且客观，但是，在缺口根部往往不便于安装引伸计或应变计等传统监测工具。近期，随着二维和三维数字图像相关（digital image correlation，DIC）技术蓬勃发展[45]，非接触全场应变实时监测成为可能，但其在复杂结构循环响应监测上（如危险点不在外侧表面的情形）仍存在一定难度。类似测量技术还有电子散斑干涉法（electronic speckle pattern interferometry，ESPI）[46]，但其同样无法避免前述DIC技术的不足。

相对试验法中，有限元分析可以相对精确地计算所研究结构任意部位的循环应力–应变响应。随着有限元技术和本构模型的不断发展完善，计算效率和精度均显著提升。但总体而言，其计算效率仍相对偏低。尤其在复杂结构特征和载荷路径等情形下，难以满足现代工程中对结构疲劳强度评估的时效性要求。据此，有限元技术中开发了子模型方法（又称为切割边界位移法或者特定边界位移法）[47]。该方法通过在结构整体仿真分析中避免全局划分精细网格，而仅在所关心的局部区域（即疲劳分析中的临界危险区）做精细划分，一定程度提高了计算效率，但对时效性贡献不大。

作为线弹性有限元分析的替代方案，近似计算方法以其形式简洁和计算高效特点受到工程界的青睐[48-49]。近似计算方法中，最知名的当属 Neuber 近似公式（又称 Neuber 准则）[50]。Neuber 假设理论应力集中系数 K_t 等于弹塑性应力集中系数 K_σ 和弹塑性应力集中系数 K_ε 的几何平均，即

$$K_t = \sqrt{K_\sigma \cdot K_\varepsilon} \qquad (1-4)$$

式中，K_σ 为局部应力与名义应力之比；K_ε 为局部总应变与名义应变之比。在纯弹性状态下，显然满足 $K_t = K_\sigma = K_\varepsilon$。换种形式，Neuber 准则可写为

$$\sigma^e \cdot \varepsilon^e = \sigma^a \cdot \varepsilon^a \qquad (1-5)$$

式中，σ^e 和 ε^e 为纯弹性状态下的虚拟应力和应变，其可通过相较高效的线弹性有限元计算得到；σ^a 和 ε^a 为弹塑性状态下的真实应力和应变。

迄今，Neuber 准则在缺口结构疲劳强度分析中已有较广泛应用[51-52]。针对 Neuber 准则近似计算结果与实际应力–应变响应的差异，后续学者们进行了持续改进，陆续发展了等效应变能密度准则[53]、增量形式 Neuber 准则[54]、增量形式等效应变能密度准则[55]和增量形式偏 Neuber 准则[56]等，这些在文献[9]中均有详细介绍和图示。此外，针对复杂比例/非比例多轴载荷下缺口根部弹塑性应力–应变响应的计算需求，学者们还开发了系列改进的解析算法[57-59]。

虽然局部应力–应变法中的近似计算方法已发展较为完善，并有效回应了工程结构疲劳强度分析中对时效性的要求；但是，经大量疲劳试验

数据验证，局部应力-应变法的预测结果往往偏保守。此外，鉴于疲劳裂纹形核总在材料数个晶粒范围内进行[15]，因此，仅关注缺口根部危险点处的循环响应是不合理的。

实际上，前述疲劳缺口系数经验公式、名义应力法和局部应力-应变法均属经验方法，即基于对疲劳机理的认识，依据疲劳试验结果而建立的针对某一问题或某一类问题的疲劳分析方法[15]。此后，在先进试验、监测、观测及仿真技术的支持下，业界对缺口结构疲劳失效机理的认知不断增进，据此又陆续发展了断裂力学模型、临界距离理论及加权控制参量法等方法。

(3) 断裂力学模型

鉴于材料疲劳极限变程 $\Delta\sigma_0$ 表征了材料承受无穷次循环载荷而不破坏的能力，而含裂纹长度 a 的材料疲劳裂纹扩展门槛值 ΔK_{th} 表征了含裂纹材料承受无穷次循环载荷而不破坏的能力，断裂力学模型认为当裂纹长度 a 无限接近 0 时，$\Delta\sigma_0$ 和 ΔK_{th} 应以某种方式重合[15]。断裂力学模型假设疲劳裂纹产生于缺口根部，结构中存在长度为 l_0 的固有裂纹。固有裂纹 l_0 为

$$l_0 = \frac{1}{\pi}\left(\frac{\Delta K_{th}}{F\Delta\sigma_0}\right)^2 \tag{1-6}$$

式中，F 为几何因子。

含固有裂纹 l_0 的缺口结构的应力强度因子为[31]

$$\Delta K_I = QK_t\Delta\sigma\sqrt{\pi l_0} \tag{1-7}$$

式中，Q 为裂纹形状系数。对于半圆形裂纹 Q 取 0.65，对于穿透裂纹 Q 取 1.22。在疲劳极限点处，应力强度应与其门槛值相等，据此，缺口结构疲劳极限变程 $\Delta\sigma_{0,n}$ 为

$$\Delta\sigma_{0,n} = \frac{\Delta K_{th}}{QK_t} \tag{1-8}$$

据此，可得疲劳缺口系数 K_f：

$$K_f = \frac{\Delta\sigma_0}{\Delta\sigma_{0,n}} = \frac{Q\Delta\sigma_0}{\Delta K_{th}}K_t \tag{1-9}$$

以断裂力学为工具，研究缺口结构疲劳强度的另一个角度是从缺口根部的非扩展裂纹出发，关联材料和缺口结构的疲劳强度。Ting 和 Lawrence[60]

研究了缺口应力场中的非裂纹扩展问题，得到了疲劳缺口系数的表达式。但是，断裂力学模型仅适用于缺口疲劳极限分析，无法用于缺口结构疲劳寿命预测。

（4）临界距离理论

临界距离理论的建立，是 Neuber 和 Kuhn 所提经验表达式[15]中平均应力思想与断裂力学模型描述缺口结构疲劳性能时所提的固有裂纹概念的美妙结合，后者明确了前者结构单元长度的计算。

考虑到疲劳损伤与缺口根部应力场的关联性，临界距离理论将缺口附近临界区域（可为点[61]、线[62]、面[63]或体[64]）最大主应力的均值当作主导疲劳损伤进程的特征应力。图1-6为临界距离理论示意图。上述四种方法后来由 Taylor 归类并命名为点法、线法、面法和体法[64-65]，对应表达式在第六章有详细介绍。

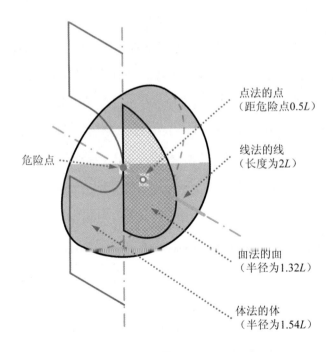

图1-6　临界距离理论示意图

通常，预测疲劳极限时，临界距离 L 可用下式计算[66]：

$$L = \frac{1}{\pi}\left(\frac{\Delta K_{th}}{\Delta \sigma_0}\right)^2 \tag{1-10}$$

除疲劳极限分析外，临界距离理论还可用于疲劳强度评估。Susmel[67] 提出了一种针对缺口结构疲劳强度评估的统一方法，该方法基于结构单元内的全场线弹性应力状态来描述疲劳过程区内的有效损伤。特别地，他发现对于特定材料，临界距离（面法和体法）是与载荷类型和几何特征均无关的常数。然而，该方法在多轴非比例载荷下的有效性仍有待进一步验证。此外，临界距离理论还可与多轴疲劳准则耦合使用。Susmel 和 Taylor[68] 进一步探讨了临界距离理论与六种多轴疲劳模型耦合使用的可行性。研究显示，临界平面法是唯一可以与临界距离理论耦合使用的方法。

Castro 等[69]也开展了类似研究，考虑了载荷比对疲劳裂纹扩展门槛值 ΔK_{th} 的影响，并进一步指出两者耦合的必要前提是不能与建立多轴疲劳模型时假设的失效机理矛盾。笔者亦曾将临界平面法的 Fatemi-Socie 模型[70]和临界距离理论耦合做缺口结构多轴疲劳寿命预测。结果显示，先在危险点使用临界平面法确定路径后，再使用临界距离理论的策略，具有较高的预测精度。这一方法经 Al 7050-T6511 和 GH4169 合金多轴疲劳试验数据验证有效[71]。另外，Tanaka[72]还曾将临界距离理论用于类裂纹型缺口件的疲劳强度评估。在前述高周疲劳分析中，临界距离均被视作与晶粒尺寸和材料止滞疲劳裂纹扩展能力相关的常数，但随着临界距离理论被拓展用于中低周疲劳分析，学者们发现仍将其视为材料常数并不合理。据此，Susmel 和 Taylor[73]在中周疲劳分析中率先将临界距离当作与疲劳寿命相关的变量，并得到以下表达式：

$$L = A_L \left(N_f\right)^{B_L} \tag{1-11}$$

式中，A_L 和 B_L 为模型参数，两者与材料类型及载荷比相关。然而，这意味着在疲劳寿命预测时无法提前确定临界距离的具体值，因此，在计算时

需要预定义临界距离初值并引入循环迭代过程，最终按收敛性判据得到一对满足上式的 L 和 N_f [74]。此外，在后续研究中，学者们还基于应力集中系数、相对应力梯度、高应力体积和缺口尺寸参数改进了临界距离的表达式，这些在文献[75]的表5中有详细介绍。

另外，一个里程碑式工作同样由 Susmel 和 Taylor[76]共同完成，他们指出，若将临界距离理论弹塑性重构（做弹塑性有限元分析），则在低周和中周范围内又均可将临界距离视为常数。在对称加载的条件下，通过将临界距离理论的点法和线法与 Manson-Coffin 方程进行耦合，该方法在预测 En3B 低碳钢和 Al 6082 合金的缺口结构疲劳寿命方面均取得了较好效果。此外，还有学者在做弹塑性有限元分析时仍将临界距离与疲劳寿命用函数关联，亦取得了不错的预测效果[71]。此后，还有系列关于临界距离理论的应用和拓展，这些在文献[9]和文献[77]中有详细介绍。

鉴于临界距离理论概念明了、形式简洁、操作简便、效果良好，近年来在工程缺口结构疲劳强度评估中被不断推广。Taylor[32]在理论与应用断裂力学网络研讨会上的特邀报告中系统梳理了临界距离理论的应用情况，报告显示近年来使用该方法的出版物数量持续上升，其专著[78]也为业界同行学习和应用临界距离理论提供了便利。但 Taylor 也在报告中指出，临界距离理论尚存在理论（失效物理）基础薄弱、应力损伤参量关联复杂载荷状态疲劳损伤能力差和 L 确定过程烦琐等不足。

（5）加权控制参量法

加权控制参量法并非特指某一种缺口疲劳分析方法，而是对强调有效损伤区（又称疲劳过程区、局部损伤区等）概念对缺口疲劳强度评估的重要性，且引入权函数量化区分有效损伤区内材料单元对结构整体疲劳失效进程贡献的一类方法的总称[9]。该方法按有效损伤区维度，可划分为一维、二维和三维方法；按损伤参量（疲劳指示因子），可划分为基于应力、应变和能量（应变能密度）的方法。

不难看出，前述临界距离理论的线法、面法和体法，实际可视为加权控制参量法（应力做损伤参量）的特例。在临界距离划定的有效损伤区内，其权函数恒为1，即不同材料单元劣化对结构整体疲劳损伤演化贡献相同。与临界距离理论类似的还有Sheppard[79]所提模型。该模型同样认为裂纹萌生寿命与缺口根部有效损伤区整体应力状态有关，但将板状缺口件的有效损伤区由近似半圆柱简化为三棱柱，即以区域V''近似区域V'。图1-7为临界距离理论面法与Sheppard所提方法有效损伤区对比（已将三维有效损伤区压缩为二维）。

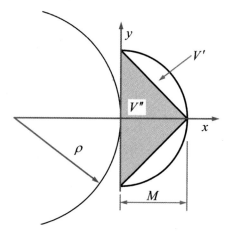

图1-7　临界距离理论面法与Sheppard所提方法有效损伤区对比

显然，$V'' = tM^2$，其中 M 为材料尺寸因子，t 为板厚。其所定义的疲劳裂纹萌生准则为：当缺口根部有效损伤区 V'' 区域内平均应力 σ_{ave} 等于光滑试件的疲劳强度 σ_s（又可写作 S_s）时，疲劳裂纹萌生，此时名义应力恰好等于缺口试件真实强度（名义应力）S_n，故有

$$K_f = \frac{\sigma_{ave}}{S_n} \tag{1-12}$$

此外，后续还发展了其他多种形式的加权控制参量法（表1-1）。更多详细介绍可参考文献[9]。

表1-1　加权控制参量法汇编

时间	名称	控制参量形式	是否加权	有效损伤区维度
1984	应力场强法[84-85]	应力	是	三维
1989	Sheppard 理论[79]	应力	否	三维
1997	体积法[86-88]	应力	否	三维
1999	有效应力法[89]	应力	是	一维
2001	应力－应变场强法[90]	应力和应变	是	三维
2001	平均局部应变能密度法[91-92]	应变能密度	否	三维（二维）
2015	拉剪应力平均法[93]	应力	否	三维
2019	临界距离与应变能密度（应变能参量）耦合法[94-97]	应力和等效应变能密度	否	一维
2019	能量场强法[98-99]	总应变能密度	是	三维
2020	改进的应力场强法[100-102]	应力	是	三维

　　虽然疲劳失效行为作为局部现象，初始疲劳裂纹起初仅发生在单个晶粒处，接着沿滑移面扩展，而后在裂纹尖端集中应力作用下，裂纹从单个晶粒贯穿到若干晶粒。但是，从疲劳破坏机理看，在整个裂纹形成及扩展过程中，不仅涉及裂纹形成及经过的这些晶粒，还受到周围晶粒的阻滞与限制[80-81]。在疲劳研究史上，许多学者已注意到应力峰值点周围的应力梯度与应力–应变场对疲劳寿命或疲劳强度的影响[15]。显然，相较仅关注危险点循环应力–应变响应的局部应力–应变法，在计算疲劳损伤时，考虑有效损伤区内各材料单元劣化对缺口结构整体疲劳损伤贡献的加权控制参量法更能有效描述缺口结构疲劳损伤行为，同时，大量疲劳试验数据验证也显示其在疲劳寿命预测中具有更高精度[77]。

　　基于前述回顾，可梳理如图1-8所示缺口效应疲劳模型发展历程。

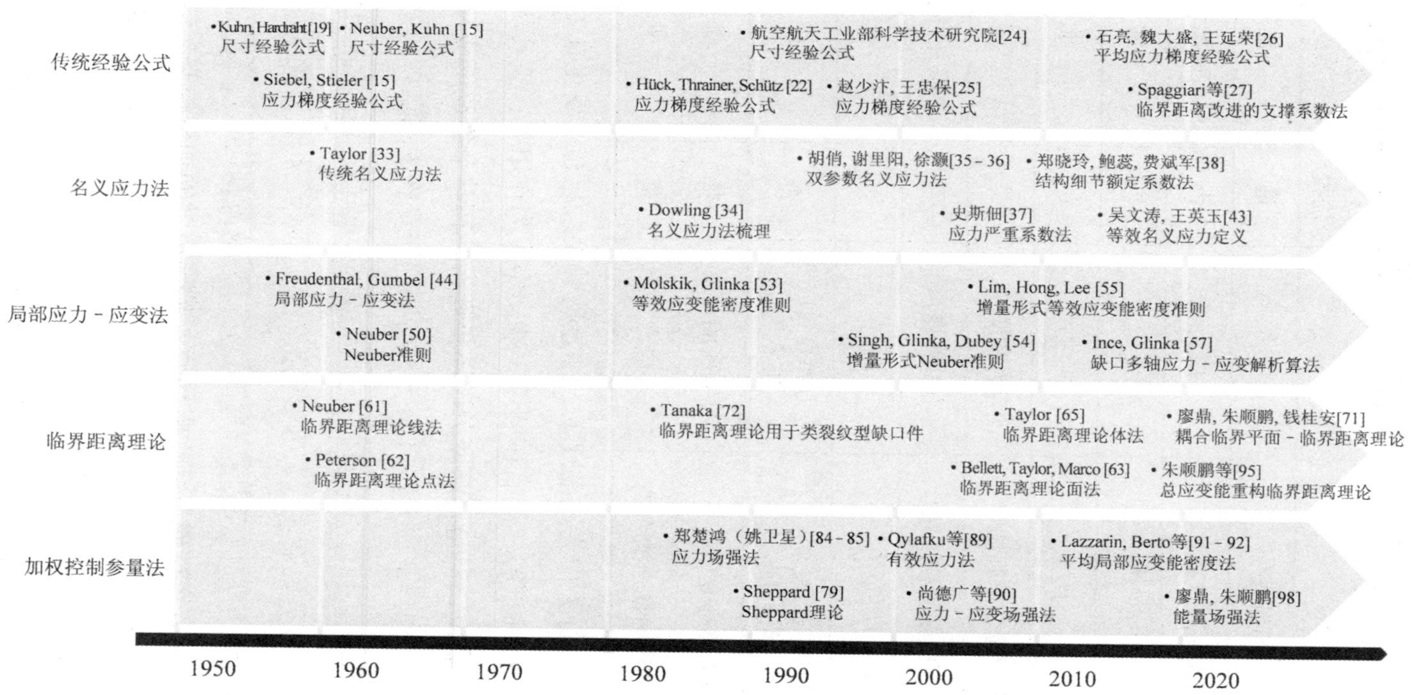

传统经验公式

- Kuhn, Hardrath[19]
  尺寸经验公式
- Neuber, Kuhn[15]
  尺寸经验公式
- Siebel, Stieler[15]
  应力梯度经验公式
- Heck, Thrainer, Schütz[22]
  应力梯度经验公式
- 赵少汴, 王忠保[25]
  应力梯度经验公式
- 航空航天工业部科学技术研究院[24]
  尺寸经验公式
- 石亮, 魏大鹏, 王延荣[26]
  平均应力梯度经验公式
- Spaggiari等[27]
  临界距离改进的支撑系数法

名义应力法

- Taylor[33]
  传统名义应力法
- Dowling[34]
  名义应力法梳理
- 胡锷, 诺里阳, 徐灏[35-36]
  双参数名义应力法
- 史斯伷[37]
  应力严重系数
- 郑晓玲, 鲍蕊, 费斌军[38]
  结构细节额定系数法
- 吴文涛, 王英玉[43]
  等效名义应力定义

局部应力-应变法

- Neuber[50]
  Neuber准则
- Freudenthal, Gumbel[44]
  局部应力-应变法
- Molskik, Glinka[53]
  等效应变能密度准则
- Singh, Glinka, Dubey[54]
  增量形式Neuber准则
- Lim, Hong, Lee[55]
  增量形式等效应变能密度准则
- Ince, Glinka[57]
  缺口多轴应力-应变解析算法

临界距离理论

- Neuber[61]
  临界距离理论线法
- Peterson[62]
  临界距离理论点法
- Tanaka[72]
  临界距离理论用于类裂纹型缺口件
- Taylor[65]
  临界距离理论体法
- Bellet, Taylor, Marco[63]
  临界距离理论面法
- 廖鼎, 朱顺鹏, 钱桂安[71]
  耦合临界平面-临界距离理论
- 朱顺鹏等[95]
  总应变能密度构构临界距离理论

加权控制参量法

- Sheppard[79]
  Sheppard理论
- 郑楚光(姚卫星)[84-85]
  应力场强法
- Qylafku等[89]
  有效应力法
- 尚德广等[90]
  应力-应变场强法
- Lazzarin, Berto等[91-92]
  平均局部应变能密度法
- 廖鼎, 朱顺鹏[98]
  能量场强法

1950 1960 1970 1980 1990 2000 2010 2020

图1-8 缺口效应疲劳模型发展历程

此外，还有学者尝试基于机器学习算法做缺口结构疲劳寿命预测[82-83]。随着网络大数据时代的到来和相关硬件的发展进步，机器学习方法被广泛应用于解决复杂难题，在保证试验数据充分的前提下极大降低了对试验样本量的依赖。其适用于多个影响因素同时作用的情形，可在保证精度的前提下建立疲劳指示因子与疲劳寿命的隐式关系。但如前所述，缺口疲劳与有效损伤区内整体循环响应相关，而现有研究中往往仅提取碎片化的特征信息作为机器学习的输入，尽管结果显示其关联及预测效果良好，但其是否准确表征且合理耦合了失效物理机理还有待探讨。

1.2.2 尺寸效应

尺寸效应泛指尺寸相关因素对材料/结构疲劳强度的影响。传统疲劳设计往往直接基于小尺寸材料级疲劳试验数据整理所得材料力学和疲劳参数开展，忽略了实际工程结构与实验室试件间几何尺度、表面质量、加工工艺等诸多方面的差异。由此，导致工程结构设计寿命与实际寿命间不同程度的偏差。据此，为实现结构疲劳强度精细化设计，有必要系统明确尺寸效应作用机理及其影响程度。

Kloos[103]在报告中将疲劳中的尺寸效应细分为统计[104]、几何[105]、加工[106]和表面[107]尺寸效应。其中，几何尺寸效应指不同几何形状或载荷形式所致不同应力分布对结构疲劳行为的影响。虽然也有一些文献沿用该表述[105, 108]，但从定义来看，几何尺寸效应与缺口效应无异且与"尺寸"概念关联有限，此外，其影响明显无法用一个简单的几何尺寸效应系数描述，故本书将其归为缺口效应。另外，鉴于加工和表面尺寸效应均与制造技术相关，也有学者将两者合称为技术尺寸效应[109]。下面，将分别对统计、加工和表面尺寸效应作详细介绍。

（1）统计尺寸效应

统计尺寸效应属统计力学范畴，对其一般有两种解释。一种解释从疲劳损伤源数目出发，考虑到疲劳裂纹源多位于结构的自由表面，大尺寸结构显然比小尺寸结构疲劳裂纹源的数量更多，故率先出现裂纹的概率更大，从而疲劳强度也会降低；另一种解释则基于（微结构）缺陷信息，关注缺陷数量和临界缺陷尺寸极值随结构体积变化对疲劳强度/寿命的影响，这种解释更适合含缺陷或增材制造结构的疲劳分析。

基于两种材料钢丝在相同名义应力下的疲劳试验数据展示了统计尺寸效应的影响（图1-9）。该试验中，试件长度是唯一变量，完全剥离了其他因素的影响。采用正态分布分别拟合两组疲劳试验数据的对数寿命，拟合均通过了假设检验。

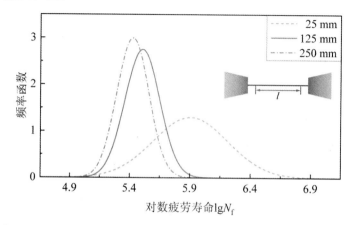

（a）X2CrNi19-9奥氏体铬镍钢丝（直径均为5 mm，长度不同）[110]

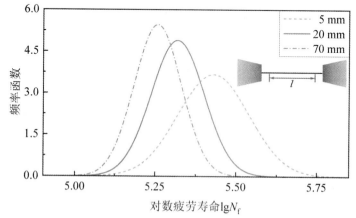

（b）X12CrNi17-7奥氏体铬镍钢丝（直径均为2 mm，长度不同）[111]

图1-9　统计尺寸效应下疲劳试验数据分布实例

由图1-9可知，从均值看，试件越长（表面积和体积均增大），对应的疲劳寿命越短，这与前述统计尺寸效应的两种解释所预期的结果均一致。此外，从疲劳寿命分散程度来看，疲劳寿命的标准差随试件尺寸增大而减小。

统计尺寸效应描述主要有最弱链理论[112]、高应力体积（表面积）法[113]、临界缺陷法[114]和分形理论[115]等。其中，应用最多的当属最弱链理论。

①最弱链理论

据文献[116]，最弱链理论最初由Weibull在研究脆性材料统计性质时提出[117]，同时提出的还有以他名字命名的威布尔分布[118]，其双参数形式的分布函数为

$$P_f = 1 - \exp\left[-\left(\frac{x}{\delta}\right)^\beta\right] \tag{1-13}$$

式中，P_f 为失效概率；δ 和 β 分别为尺度（范围）和形状参数。之后，学者们通过大量试验发现，金属材料的疲劳寿命也服从威布尔分布，并在后来通过引入位置参数 λ 优化拟合效果发展了三参数威布尔分布，其分布函数为

$$P_f = 1 - \exp\left[-\left(\frac{x-\lambda}{\delta}\right)^\beta\right] \tag{1-14}$$

王卫国等[119]指出，虽然威布尔分布拟合数据点的能力较强，但其概率密度函数曲线一般是偏态曲线，仅当 $\beta = 3.57$ 时才逼近正态分布。

最弱链理论假设结构整体可被划分为若干独立单元，最弱单元决定整体强度，当且仅当所有单元均存活时结构整体存活。显然，据其基本假设，结构整体被视为一个典型串联系统，这与木桶理论（短板理论）一致。图1-10为木桶理论与最弱链理论示意图。

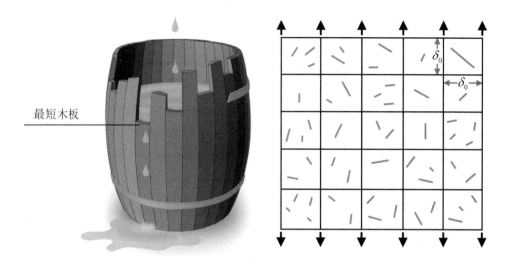

图1-10　木桶理论与最弱链理论示意图[120]

下面，基于最弱链理论对相同载荷水平下不同尺寸光滑试件间疲劳寿命分布进行推导。假设根据失效机理可将光滑试件按标距段表面积 A_0 均匀划分为 m 个微小面积单元 ΔA_0（或按标距段体积 V_0 划分为 n 个微小体积单元 ΔA_0），则每个单元在加载 x 周次后存活概率 $P_{s,i}$ 可表示为

$$
\begin{aligned}
P_{s,i} &= \exp\left[-\left(\frac{x-\lambda}{\delta}\right)^{\beta}\frac{1}{m}\right] = \exp\left[-\left(\frac{x-\lambda}{\delta}\right)^{\beta}\frac{\Delta A_0}{A_0}\right] \\
\text{或} &= \exp\left[-\left(\frac{x-\lambda}{\delta}\right)^{\beta}\frac{1}{n}\right] = \exp\left[-\left(\frac{x-\lambda}{\delta}\right)^{\beta}\frac{\Delta V_0}{V_0}\right]
\end{aligned}
\tag{1-15}
$$

据此，相同载荷水平下标距段表面积为 A_1（或标距段体积为 V_1）的光滑件（假设可划分为 m_1 个微小面积单元 ΔA_0 或 n_1 个微小体积单元 ΔV_0）在加载 x 周次后存活概率 P_s 可表示为

$$
\begin{aligned}
P_s &= \prod_{i=1}^{m_1} P_{s,i} = \prod_{i=1}^{m_1}\exp\left[-\left(\frac{x-\lambda}{\delta}\right)^{\beta}\frac{\Delta A_0}{A_0}\right] \\
&= \exp\left[-\left(\frac{x-\lambda}{\delta}\right)^{\beta}\prod_{i=1}^{m_1}\frac{\Delta A_0}{A_0}\right] = \exp\left[-\left(\frac{x-\lambda}{\delta}\right)^{\beta}\frac{A_1}{A_0}\right] \\
\text{或} &= \prod_{i=1}^{n_1} P_{s,i} = \exp\left[-\left(\frac{x-\lambda}{\delta}\right)^{\beta}\frac{V_1}{V_0}\right]
\end{aligned}
\tag{1-16}
$$

从而，相同载荷水平下该光滑件在加载 x 周次后失效概率 P_f 可表示为

$$P_f = 1 - P_s = 1 - \exp\left[-\left(\frac{x-\lambda}{\delta}\right)^{\beta}\frac{A_1}{A_0}\right]$$

$$\text{或} = \exp\left[-\left(\frac{x-\lambda}{\delta}\right)^{\beta}\frac{V_1}{V_0}\right]$$

(1-17)

奚蔚[121]前期用图1-9所示两组数据分别对上式进行了验证，并基于较长试件疲劳试验数据，所拟合的三参数威布尔分布推导了其他两种较短试件在相同载荷水平下的累积失效分布函数，结果显示与实际累积失效分布函数吻合良好。由于两组试件均仅在长度上存在差异，因此选用面积和体积单元分析的结果并无差异。此外，值得指出的是，最弱链理论并非与威布尔分布绑定，该方法亦可与其他分布类型耦合。但因为威布尔分布形式所带来的计算简便性，所以其应用较多。

此外，基于单元间失效相互独立的假设，最弱链理论甚至可用于不均匀应力场下的概率疲劳寿命分析。对真实工程结构而言，如前所述，受几何不连续特征影响，在其危险部位，应力/应变/损伤分布并不均匀。此时，若将危险部位划分为若干单元，假设每个单元内应力/应变/损伤分布均匀，并持续缩小单元尺寸直至收敛。据此，便可通过累乘各单元存活概率获得结构整体存活概率，而各单元存活概率可基于光滑件材料疲劳试验数据结合式（1-15）计算得到。此时，危险部位表面积为 A_2（或体积为 V_2）的缺口件假设可划分为 m_2 个微小面积单元 ΔA_0（或 n_2 个微小体积单元 ΔV_0），在加载 x 周次后存活概率可表示为

$$P_s = \prod_{i=1}^{m_2} P_{s,i} = \prod_{i=1}^{m_2}\exp\left[-\left(\frac{x-\lambda_i}{\delta_i}\right)^{\beta_i}\frac{\Delta A_0}{A_0}\right]$$

$$\text{或} = \prod_{i=1}^{n_2} P_{s,i} = \prod_{i=1}^{n_2}\exp\left[-\left(\frac{x-\lambda_i}{\delta_i}\right)^{\beta_i}\frac{\Delta V_0}{V_0}\right]$$

(1-18)

显然，此时所对应 λ_i、δ_i 和 β_i 均不再如光滑试件般整体为常数，而取决于各单元所处载荷水平变化，这须基于完整 *P-GP-N* 曲线簇（*GP* 表示通

用损伤参量）来获取。值得指出的是，在这方面前期已有了大量工作[122-124]。

关于最弱链理论在缺口结构中的应用，早在 1986 年，Schweiger 和 Heckel[125]便将该理论用于含不同孔数平板和棒状环形 7075 铝合金缺口试件的概率疲劳寿命预测。近期，随着业界对多部位损伤的关注，最弱链理论再次成为热点，现已广泛应用于航空、核能等领域[126-129]，损伤参量形式也日趋多样化[116,130-131]。但是，最弱链理论在预测缺口结构疲劳寿命时也展现出一些问题。例如，为保证全场损伤参量有效提取，对危险部位的网格质量要求极高，这导致网格细分后计算量激增。此外，基于应力/应变的损伤参量和疲劳损伤关联性不强，如在多轴损伤情形下必须耦合应力-应变响应构造疲劳指示因子。因此，这些难题均有待进一步解决。

②高应力体积法

据文献调研，高应力体积概念最早于 1961 年由 Kuguel 提出[132]。该概念旨在基于缺口件和光滑件高应力体积之比，建立缺口件 K_f 与 K_t 的关系，从而可基于材料级小试件疲劳性能推导实际结构件疲劳强度。K_f 与 K_t 的关系式为

$$\frac{K_f}{K_t} = \left(\frac{V_n}{V_s}\right)^{a_{HSV}} \tag{1-19}$$

式中，V_n 和 V_s 分别为缺口件和光滑件的高应力体积，这里对高应力体积的定义是所承受载荷大于或等于整体中最大应力 95%（V_{95}）的所有材料单元体积之和。选定高应力体积是因为该方法认为在该区域内的材料缺陷更易成为裂纹始发点[133]，对钢和铝合金等大多数锻造金属，尺寸效应系数 a_{HSV} 均取 0.034。

此后，在学者们的持续努力下，高应力体积法（又称控制体积或风险体积）不断完善发展。1995 年，Sonsino[42]提出将高应力体积拓展为整体中所承受载荷大于或等于最大应力 90% 的所有材料单元体积之和（V_{90}）；1997 年，Sonsino 等[133]提出除高应力体积外也可取高应变体积；2002 年，Murakami[134]指出，应根据具体失效模式决定选用高应力体积还是高应力表

面积；2010 年，Härkegård 和 Halleraker[135]基于 Böhm 和 Magin 公开的 26 种不同光滑和缺口试件的疲劳试验数据，拟合得到了如下疲劳极限与 V_{90} 的表达式：

$$\sigma_{-1} = A(V_{90})^{-\nu} \tag{1-20}$$

式中，A 和 ν 均为拟合参数。据此，可基于某一高应力体积为 $V_{90,0}$、疲劳极限为 $\sigma_{-1,0}$ 的疲劳试件推导任意高应力体积为 $V_{90,1}$ 的疲劳试件的疲劳极限 $\sigma_{-1,1}$，即

$$\sigma_{-1,1} = \sigma_{-1,0}\left(\frac{V_{90,0}}{V_{90,1}}\right)^{\nu} \tag{1-21}$$

2011 年，Baumgartner 等[136]发现 80% 高应力体积概念（V_{80}）同样有效，并首次明确指出高应力体积应在线弹性状态下获取；2016 年，孙成奇等[137]结合双参数威布尔分布，把高应力体积法拓展为概率模型并后续将其命名为概率控制体积法[138]；2017 年，王荣桥等[139]将高应力体积法与临界距离理论耦合，用于尺寸效应下缺口结构概率疲劳寿命评估。近五年，也有系列高应力体积法应用的案例[140-142]。近期，何金超等[113]提出可将式（1-21）拓展，以关联具有不同高应力体积试件的疲劳寿命。具体地，高应力体积为 $V_{90,1}$ 的疲劳试件的疲劳寿命 $N_{f,1}$ 与高应力体积为 $V_{90,0}$ 的参考试件的疲劳寿命 $N_{f,0}$ 满足如下关系：

$$\frac{N_{f,1}}{N_{f,0}} = \left(\frac{V_{90,0}}{V_{90,1}}\right)^{\nu_N} \tag{1-22}$$

式中，ν_N 为用于疲劳寿命推导的拟合系数。进一步，通过将该式与双参数威布尔分布结合，建立了基于高应力体积的概率疲劳寿命预测模型。经不同几何形状 Al 2024-T351 合金缺口件疲劳试验数据验证，模型预测效果良好。此外，孙成奇和宋清源[143]还基于三参数威布尔发展了如下关系式：

$$\frac{N_{f,1} - \lambda}{N_{f,0} - \lambda} = \left(\frac{V_{90,0}}{V_{90,1}}\right)^{-\frac{1}{\beta}} \tag{1-23}$$

式中，β 和 λ 为据对应载荷水平下疲劳寿命数据拟合所得三参数威布尔分布的形状和位置参数。该式若将位置参数 λ 取 0，即退化为式（1-22）形式（本书中也建议如是操作以简化计算）。相较何金超等所提方案[113]，该方法中的体积比对应系数更贴近物理意义，经中碳钢、车轴钢、高强钢、钛合金等多种材料所制疲劳试件试验数据验证有效。但由于不同载荷水平下疲劳寿命分散性各异[144]，对应分布参数也不同，具体取哪一载荷水平下的数据进行拟合还有待商榷。

另外，将式（1-22）取常用对数可得到如下表达式：

$$\lg N_{f,1} - \lg N_{f,0} = v_N \left(\lg V_{90,0} - \lg V_{90,1} \right) \tag{1-24}$$

显然，若 v_N 为常数（不随疲劳寿命变化），而 $V_{90,1}$ 和 $V_{90,0}$ 又均在线弹性状态下算得，则该式右侧为定值。接着，若用下式表示参考试件对数寿命-载荷关系：

$$\lg N_{f,0} = f(\text{load}) \tag{1-25}$$

则拟研究试件的对数寿命-载荷关系可表示为

$$\lg N_{f,1} = \lg N_{f,0} + v_N \left(\lg V_{90,0} - \lg V_{90,1} \right) = f(\text{load}) + v_N \left(\lg V_{90,0} - \lg V_{90,1} \right) \tag{1-26}$$

这意味着，在载荷–寿命关系图中，若横坐标的疲劳寿命为对数形式，无论纵坐标的载荷以线性或对数形式绘制，均可通过平移参考试件的载荷–寿命关系得到任意另一高应力体积试件的载荷–寿命关系。显然，该规律的有效性还有待验证。

此外，除疲劳寿命外，还有学者将式（1-21）用于不同试件间疲劳强度传递，并得到了以下表达式：

$$\frac{S_1}{S_0} = \left(\frac{V_{90,0}}{V_{90,1}} \right)^{v_S} \tag{1-27}$$

式中，S_1 和 S_0 分别为所研究试件和参考试件的疲劳强度；v_S 为用于疲劳强度转换的拟合系数。近期，参照 Tridello 等[145]用维氏硬度修正微结构变化对结构强度的影响的做法，牛晓鹏等[146]提出了如下表达式：

$$\frac{S_1}{S_0} = \frac{Hv_1 + 120}{Hv_0 + 120}\left(\frac{V_0}{V_1}\right)^{v_S} \tag{1-28}$$

式中，Hv_1 和 Hv_2 分别为所研究试件和参考试件的维氏硬度。但由于该模型聚焦缺陷的影响，因此体积定义较常规高应力体积存在差异，详见文献[146]。

③临界缺陷法

临界缺陷法主要针对含缺陷材料，如铸造及增材制造材料等。该方法认为结构的疲劳失效概率可以基于对大缺陷的极值统计和其所承受的载荷水平确定[126]。小试件尚可通过扫描获取内部较为精确的缺陷信息，真实全尺寸部件的缺陷信息则只能通过统计预估。Beretta 等[147-148]在研究选择性激光熔化制造 AlSi10Mg 合金的疲劳性能时发现，不同尺寸光滑试件裂纹源处缺陷尺寸差异显著。

基于极值统计互推小体积和大体积材料/结构间较大尺寸缺陷信息有两种方法——块最大值法和阈值法[126]（图1-11）。块最大值法基于广义极值分布建立，仅关注若干个控制表面上/单元内的各自最大缺陷尺寸；阈值法则将所有超过规定阈值的缺陷均考虑在内，并将其尺寸用广义帕累托分布拟

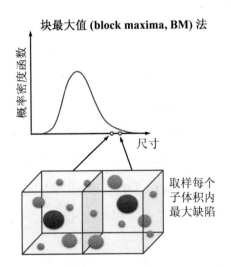
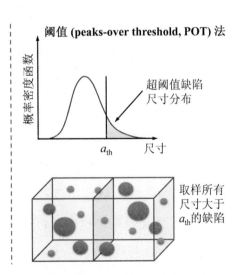

图1-11　两种缺陷极值统计方法（块最大值法和阈值法）[149]

合。两种方法均可基于小尺寸材料/结构的缺陷信息推导大尺寸材料/结构最大缺陷，且由于仅考虑较大缺陷而避免了在测量小缺陷时可能存在的分辨率不足难题[126]。

块最大值法最终可推导得到如下体积为 V_1 的拟研究结构的失效概率：

$$P_f = 1 - \exp\left\{-\int_{V_1}\left[1 + \xi'\left(\frac{a_{\text{crit}}(\mathbf{x}) - a_0^*}{a_0}\right)^{-1/\xi'}\right]\frac{dV}{V_0}\right\} \tag{1-29}$$

式中，$a_0\,(>0)$、a_0^* 和 ξ' 分别为对体积为 V_0 的参考试件的若干个控制表面上/单元内各自最大缺陷尺寸的集合做广义极值分布拟合所得尺度、位置和形状参数。$a_{\text{crit}}(\mathbf{x})$ 为临界缺陷尺寸，更多信息可参考文献[126]。

阈值法所得失效概率如下：

$$P_f = 1 - \exp\left\{-z_0(a_{\text{th}})V_0\left[1 + \xi'\left(\frac{a_{\text{crit}} - a_{\text{th}}}{\tilde{a}_0}\right)\right]^{-1/\xi'}\right\} \tag{1-30}$$

式中，尺度参数 $\tilde{a}_0 = a_0 + \xi'(a_{\text{th}} - a_0^*)$，$a_0$、$a_0^*$ 和 ξ' 与前述块最大值法中广义极值分布拟合所得尺度、位置和形状参数一致，a_{th} 为裂纹尺寸阈值；此外，阈值法中假设参考试件中的尺寸大于阈值的缺陷数服从均值为 $z_0(a_{\text{th}})V_0$ 的泊松分布。

据此，结合临界缺陷信息和该部位的载荷信息即可依次进行短裂纹和长裂纹扩展分析，最后便可确定疲劳寿命/强度分布及部件疲劳失效概率[126]。Romano 等[149]探讨了基于对具有相同微结构特征的小尺寸试件进行 X 射线断层扫描（而非对均匀材料基体做体扫描）所得信息推导其疲劳极限的可能性。他们使用阈值法确定了最致命缺陷的分布特征，并用指数分布描述了缺陷最大尺寸，据此确定了极限缺陷尺寸和 Kitagawa-Takahashi 图的对应关系。近期，牛晓鹏等[146]也成功将临界缺陷法用于三组不同体积和工艺参数下增材试件间疲劳性能互推。

④分形理论

分形理论由Mandelbrot于20世纪70年代创立。一般可将分形看作大小碎片聚集的状态，系无特征长度的图形和构造以及现象的总称[150]。该方法由Carpinteri[115]引入尺寸效应分析，主要针对裂纹扩展过程。他用分形理论模拟了多裂纹疲劳损伤演化，发现裂纹分形维数随疲劳进程逐渐增大，即材料的无序性增大；同时，还用分形理论分析了结构尺寸对疲劳裂纹扩展的影响，建立了尺寸相关的疲劳裂纹扩展理论。但此后，该方法并未引起业界关注，应用有限，后期进展仅为Kosteski等[151]基于格构离散单元法研究了尺寸效应的分形特性。

（2）技术（加工和表面）尺寸效应

除统计尺寸效应以及几何尺寸效应（已划归缺口效应）外，由于技术所致工程结构与材料级试件间在微结构、表面粗糙度以及基材制造工艺等多方面差异导致的设计疲劳强度/寿命与实际值间的差异也不容忽视[109]。但是，在国内并未使用技术尺寸效应之类命名法，如其在赵少汴所著《抗疲劳设计手册》[152]中被单列为表面加工方法的影响，而在姚卫星所著《结构疲劳寿命分析》[15]中则被单列为表面状态的影响（涵盖表面加工粗糙度、组织结构及应力状态）。由于不同行业、不同案例间的差异性，尚未对技术尺寸效应的影响进行体系化试验和理论描述；尤其，现有文献少有关于制造过程和疲劳寿命分散性间关联的研究[153]。当前，仅能通过少量相关文献窥见其影响。鉴于此，本书仅通过代表性论文中的试验数据来展示技术尺寸效应相关因素对疲劳性能的影响而不作细致模型介绍。

①表层微结构的影响

鉴于结构表层材料微观组织对其疲劳强度的显著影响，过去，研究者们通过引入各种表面处理工艺以期最终提升结构的抗疲劳性能。常用表面处理工艺包括表面渗碳/渗氮/氰化、表面/感应淬火、喷丸/滚压/胀光（挤光或挤压）强化、表面激光/火焰处理等。这些处理方法的本质都是改变材料表层组织微结构[15]。通常，表层处理后，由于组织微结构的改变，其抗疲劳性能会有所提升。

笔者所在课题组的高杰维老师研究了感应淬火表面处理工艺对BHP248中碳车轴钢试件（含不同尺寸人工缺陷）四点弯疲劳强度的影响。经感应淬火处理，表面淬火层发生了位错相变，形成了梯度组织，除表层本身强度显著提升外，还在表层残留了较大压应力，进而提高了车轴钢试件的疲劳强度[154]。图1-12为感应淬火表面处理工艺对中碳车轴钢疲劳极限的影响。

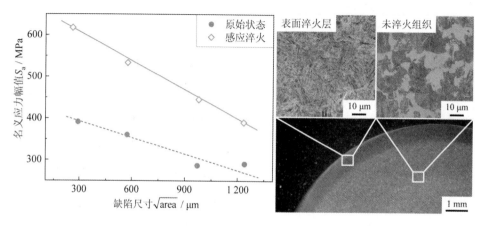

图1-12　感应淬火表面处理工艺对中碳车轴钢疲劳极限的影响

华东理工大学张显程课题组研究了淹没微磨料水射流喷丸（submerged micro-abrasive waterjet peening，SMA-WJP）强化工艺对商用锻造TA19合金表面完整性和疲劳性能的影响[106]（图1-13）。结果显示，经淹没微磨料水射流喷丸处理后，试件表面形成了24～44 μm厚的塑性变形层，试件高周疲劳寿命最大幅度地提升了2.72倍。

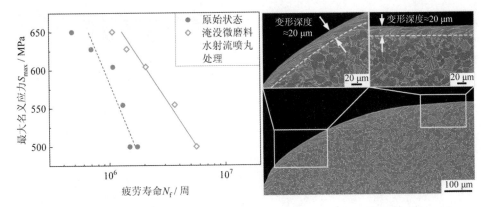

图 1-13　淹没微磨料水射流喷丸工艺对商用锻造 TA19 合金疲劳强度的影响[106]

除以上两例外，还有大量相关研究，如邵红红等[155]研究了渗碳和渗氮两种表面处理工艺对 40CrNiMo 钢超声疲劳寿命的影响，罗新民等[156]和龙骁旋等[157]分别研究了激光冲击强化对 2A02 铝合金和镍基高温合金疲劳寿命的影响等。

②表面粗糙度的影响

表面粗糙度是指加工表面具有的较小间距和微小峰谷的不平度，通常用 Ra 表示。从微观机制角度解释，表面粗糙相当于表面有侵入和挤出；而从宏观角度解释，表面粗糙会导致微小尺度的应力集中[15]。因此，总体而言，表面粗糙度越高，疲劳强度越低。图 1-14 和图 1-15 分别给出了笔者试验所得表面粗糙度对 GH4169 合金 V 型缺口试件和某风机塔筒楔形连接件下节段疲劳强度的影响，其中，风机塔筒楔形连接件疲劳试验在代尔夫特理工大学完成[158]。

图 1-14 中两组疲劳试件的差异为 V 型缺口部位的加工工艺，其直接导致了表面粗糙度的差异。其中，一组试件的 V 型缺口由车床直接车削而成；另一组试件则先车削出预留一定尺寸的轮廓，然后再精细研磨至设计尺寸。通过光学显微镜观察，发现直接车削而成的试件其表面粗糙度高于经过精细研磨的试件，最终导致了图示疲劳强度差异。

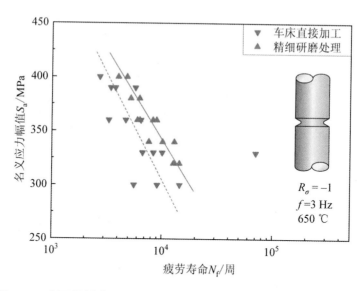

图1-14　表面粗糙度对GH4169合金V型缺口试件疲劳强度的影响

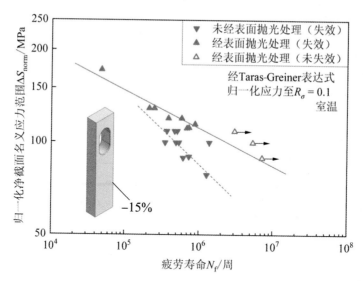

图1-15　表面粗糙度对某风机塔筒楔形连接件下节段疲劳强度的影响[158]

　　图1-15的试验数据源自某风机塔筒楔形连接件疲劳试验[158]。在试验初期，发现实际失效部位与疲劳强度分析时所确定的危险部位不一致，故而进行了断面分析。结合有限元仿真验证，确定系水刀切割在外侧面留下的波浪状不平整特征导致的应力集中使得临界危险区发生了变化所致。据

此，打磨了两侧端面并重复试验，结果显示试件疲劳强度更高，失效位置也与前期预测位置吻合。

此外，据笔者调研，还有如下关于表面质量对疲劳强度影响的工作[107, 159-162]，其中一并给出了系列试验数据。然而，描述表面粗糙度于疲劳行为的影响迄今仍无统一方法。至于疲劳强度与表面缺陷尺寸的关系，较知名的当属Murakami关系式[134]。首先，基于表面沟槽平均深度 a 和平均峰间距 $2b$ 定义等效表面缺陷尺寸 $\sqrt{A_R}$：

$$\frac{\sqrt{A_R}}{2b} = \begin{cases} 2.97\left(\dfrac{a}{2b}\right) - 3.51\left(\dfrac{a}{2b}\right)^2 - 9.74\left(\dfrac{a}{2b}\right)^3, & \dfrac{a}{2b} \leqslant 1.95 \\ 0.38, \left(\dfrac{a}{2b} > 1.95\right) \end{cases} \tag{1-31}$$

据此，进一步给出了如下对称加载下疲劳极限与表面缺陷尺寸关系式：

$$\sigma_1 = \frac{1.43(H_V + 120)}{\left(\sqrt{A_R}\right)^{1/6}} \tag{1-32}$$

式中，H_V 为维氏硬度。

③热处理等工艺因素的影响

除表层微结构和表面粗糙度等因素外，热处理等全局性工艺因素也会影响材料/结构的疲劳性能。无论是在胚料制造还是部件加工环节，这些因素均会一定程度改变材料的微结构特征，从而影响裂纹萌生和扩展等环节。

Furiya[163]在JIS-SUP7弹簧钢超高周疲劳研究中发现了显著尺寸效应。在研究中，他设计了技术尺寸效应（热处理工艺影响）和统计尺寸效应的对比试验，并对裂纹源处夹杂物尺寸进行了统计，结果如图1-16所示。统计尺寸效应的对比试验的疲劳试件的几何尺寸已在文献[163]中给出。

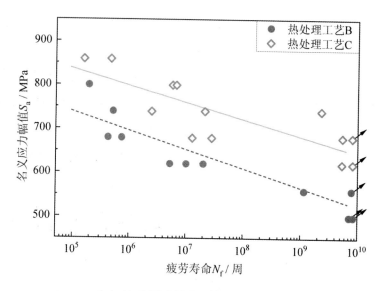

（a）技术尺寸效应（热处理工艺）

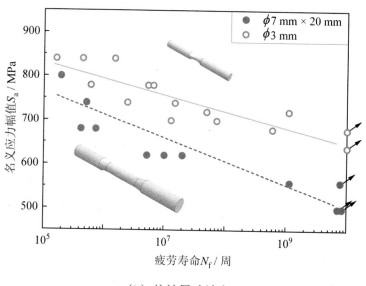

（b）统计尺寸效应

图1-16　尺寸效应对JIS-SUP7弹簧钢疲劳行为的影响[163]

由图1-16（a）可知，不同热处理工艺对材料疲劳性能影响显著，而图1-16（b）则展示了统计尺寸效应的影响。而对这种材料而言，上述两种因素的影响又可以追溯到其对临界缺陷尺寸的影响上。图1-17为JIS-SUP7弹簧钢缺陷尺寸统计上所呈现的尺寸效应（Gumbel概率纸绘图）。尤其，图1-17（b）中的数据正好与前述统计尺寸效应基于（微结构）缺陷信息的定义相契合。

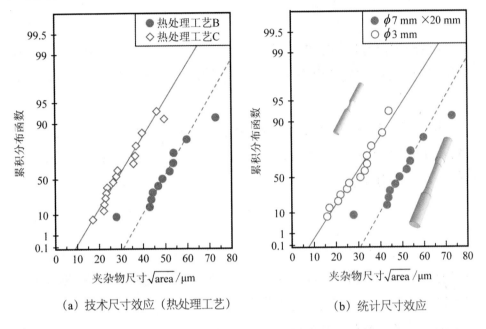

（a）技术尺寸效应（热处理工艺）　　　　（b）统计尺寸效应

图1-17　JIS-SUP7弹簧钢缺陷尺寸统计上所呈现的尺寸效应（Gumbel概率纸绘图）[163]

Tridello[164]对比了电渣重熔工艺对AISI H13钢疲劳性能的影响。研究表明，增添一道电渣重熔处理工艺后，其疲劳强度呈显著提升。

此外，基材制备过程所导致的差异也会导致疲劳强度的差异。Shirani和Härkegård[165-166]在对风机部件用EN-GJS-400-18-LT延性铸铁的疲劳行为研究中发现，截取自不同厚度原始基材（分别为95 mm厚的95 mm×200 mm×750 mm铸块和150 mm厚的150 mm×300 mm×1 550 mm铸块）的胚料所加工的相同尺寸和几何形状的试件，其疲劳性能也存在差异。

035

1.2.3 平均应力

尽管应力幅值是决定结构疲劳寿命的首要因素，众多研究表明，平均应力对疲劳强度和疲劳寿命均有明显的影响，这种影响被称为平均应力效应[167]。

用应力比 R_σ 和应力幅值 σ_a 来描述循环应力水平，基于给定应力比（$R_\sigma = -1$）下的材料疲劳试验，可得到反映应力幅值对寿命影响的 S-N 曲线[168]。根据应力幅值和应力比，平均应力 σ_m 可表示为

$$\sigma_m = \frac{1 + R_\sigma}{1 - R_\sigma} \sigma_a \qquad (1\text{-}33)$$

显然，当应力幅值恒定时，平均应力 σ_m 随应力比 R_σ 增大而增大，并且具有一一对应关系。因此，讨论应力比的影响，实际上就是讨论平均应力的影响。图 1-18 为应力比与平均应力的对应关系，由图可知，随着平均应力增大，循环载荷中拉伸部分所占比重也随之增大，这会促进疲劳裂纹萌生和扩展，从而降低疲劳寿命。针对工程中非对称载荷下结构疲劳寿命预测需求，学者们前期提出了系列基于应力[167]、应变[169]和能量[170]的模型。

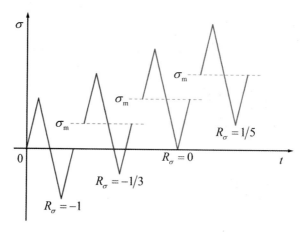

图1-18 应力比与平均应力的对应关系

一般而言，当 $\sigma_m > 0$ 时，由于循环载荷有拉伸平均应力，与 $\sigma_m = 0$ 的情况相比，S-N 曲线会下移，即随平均应力上升，相同应力幅下对应的寿命将缩短，或者相同寿命所对应的疲劳强度将降低。因此，拉伸平均应力对疲劳一般是不利的。而当 $\sigma_m < 0$ 时，循环载荷有压缩平均应力，相对 $\sigma_m = 0$ 的情况，S-N 曲线会上移，这表示随着平均应力下降，同样应力幅下对应的寿命将延长，或者同样寿命所对应的疲劳强度将提高。因此，压缩平均应力对疲劳一般是有利的。诸多平均应力模型中，形式最简单的是 Goodman 直线[171]：

$$\frac{\sigma_a}{\sigma_{ar}} + \frac{\sigma_m}{\sigma_u} = 1 \tag{1-34}$$

式中，σ_{ar} 为零平均应力这一特定情形下的应力幅值（全交变疲劳极限）；σ_u 为（极限）抗拉强度。

大量试验研究表明，对于拉伸平均应力，大多数塑性材料的数据倾向于靠近或超过这条直线。因此，直线通常较保守，即误差导致寿命预测时的安全余量过大。据此，学者们陆续建立了其他方程以更精确拟合该类数据的集中趋势。最早被采用的方程之一是 Gerber 曲线（抛物线）[171]：

$$\frac{\sigma_a}{\sigma_{ar}} + \left(\frac{\sigma_m}{\sigma_u}\right)^2 = 1, \sigma_m \geqslant 0 \tag{1-35}$$

但是，该方程限用于拉伸平均应力，因为它无法正确地预测压缩平均应力的有害影响。

类似形式的还有 Dietmann 方程[172]：

$$\left(\frac{\sigma_a}{\sigma_{ar}}\right)^2 + \frac{\sigma_m}{\sigma_u} = 1, \sigma_m \geqslant 0 \tag{1-36}$$

此后，陆续还提出了一些形式类似的方程，并由 Marin[173] 整理为通用表达式：

$$\left(\frac{\sigma_a}{\sigma_{ar}}\right)^n + \left(f\frac{\sigma_m}{\sigma_u}\right)^m = 1, \sigma_m \geqslant 0 \tag{1-37}$$

式中，f、m 和 n 为待定材料常数。

另外，Morrow 指出，对塑性金属材料，可用下面两者之一取代 Goodman 直线以做改进。因为塑性金属材料的 $\tilde{\sigma}_{fB}$ 和 σ'_f 均比 σ_u 要高，因此与采用 σ_u 所得的直线相比，σ_m 轴上的截距较大的直线与包含拉伸平均应力和压缩平均应力的试验数据一致性更好[171]。据此，整理了 Morrow 方程：

$$\begin{cases} \dfrac{\sigma_a}{\sigma_{ar}} + \dfrac{\sigma_m}{\tilde{\sigma}_{fB}} = 1 \\[3mm] \dfrac{\sigma_a}{\sigma_{ar}} + \dfrac{\sigma_m}{\sigma'_f} = 1 \end{cases} \tag{1-38}$$

式中，$\tilde{\sigma}_{fB}$ 为 Bridgman 基于拉伸试验修正得到的真实断裂强度[171]；σ'_f 为疲劳强度系数。

Soderberg[174]也提出了类似关系式：

$$\frac{\sigma_a}{\sigma_{ar}} + \frac{\sigma_m}{\sigma_y} = 1 \tag{1-39}$$

其中，σ_y 为屈服强度。

Smith-Watson-Topper（SWT）应力–寿命方程[171]也较常使用：

$$\sigma_{ar} = \sqrt{\sigma_{max}\sigma_a} = \sigma_{max}\sqrt{\frac{1-R_\sigma}{2}} = \sigma_a\sqrt{\frac{2}{1-R_\sigma}}, \ \sigma_{max} > 0 \tag{1-40}$$

此外，还有引入了一个材料常数 γ 的 Walker 方程[171]：

$$\sigma_{ar} = \sigma_{max}^{1-\gamma}\sigma_a^{\gamma} = \sigma_{max}\left(\frac{1-R_\sigma}{2}\right)^{\gamma}, \ \sigma_{max} > 0 \tag{1-41}$$

为确定 γ，须对收集自多个平均应力或应力比 R_σ 下的数据做拟合。需要注意的是，可以将 SWT 关系式视作 Walker 方程在 $\gamma = 0.5$ 时的一种特殊情况。该应力幅值 σ_{ar} 预计将在平均应力时产生与（σ_a，σ_m）组合条件下相同的寿命，据此参照完全反向加载下的 S-N 曲线即可估算寿命[171]。

在 Walker 方程中，γ 被认为反映了材料对平均应力效应的影响。然而，苏运来等[167]基于 TC11 钛合金、35Cr2Ni4MoA 高强度钢、FGH95 粉末高温合金以及 GH4169 高温合金等四种航空发动机常用金属材料在不同应力比下的疲劳试验数据发现：γ 与对数峰值应力成线性关系，即材料对于平均应力效应的影响随峰值应力的不同而变化。故而，可以认为不仅材料对于平均应力效应有影响，而且峰值应力对于平均应力效应也有影响。为在等效应力幅值的计算中更完整包含各因素对平均应力效应的影响，他们提出了改进的 Walker 方程：

$$\sigma_{ar} = \sigma_{max}\left(\frac{1-R_\sigma}{2}\right)^{m+n\lg\sigma_{max}} = \sigma_a\left(\frac{1-R_\sigma}{2}\right)^{m+n\lg\sigma_{max}-1}, \ \sigma_{max} > 0 \qquad (1\text{-}42)$$

式中，拟合常数 m 和 n 分别反映了材料和峰值应力对平均应力效应的影响。

除应力–寿命模型外，还有考虑平均应力效应的应变–寿命模型。在平均应力下，尤其需对完全反向加载的应变–寿命曲线做修正。Manson 和 Halford 通过将含 σ'_f 的 Morrow 方程与 Manson-Coffin-Basquin（MCB）方程耦合得到[175]：

$$\varepsilon_a = \frac{\sigma'_f}{E}\left(1-\frac{\sigma_m}{\sigma'_f}\right)(2N_f)^b + \varepsilon'_f\left(1-\frac{\sigma_m}{\sigma'_f}\right)^{c/b}(2N_f)^c \qquad (1\text{-}43)$$

式中，ε_a 为应变幅值；E 为弹性模量；b 为疲劳强度指数；ε'_f 为疲劳延性系数；c 为疲劳延性指数。该表达式与原始应力–寿命方程类似，只是针对任一特定的非零平均应力值，对其截距常数进行了有效修正。然而，其高估了平均应力对较短寿命条件下的影响。据此，Morrow 判定该修正主要对长时寿命（应变–寿命曲线的弹性部分）有效，对短时寿命（应变–寿命曲线的塑性部分）无影响，由此给出了修正的 Morrow 应变–寿命方程：

$$\varepsilon_a = \frac{\sigma'_f}{E}\left(1-\frac{\sigma_m}{\sigma'_f}\right)(2N_f)^b + \varepsilon'_f(2N_f)^c = \frac{\sigma'_f - \sigma_m}{E}(2N_f)^b + \varepsilon'_f(2N_f)^c \qquad (1\text{-}44)$$

该式的第一项与式（1-43）的第一项（即弹性应变项）相同，但平均应力相关项已经从第二项（即塑性应变项）中去除，以降低相对较短寿命条件下估算的平均应力影响。类似地，参照前述 Walker 应力–寿命方程提出了 Walker 应变–寿命方程[171]：

$$\varepsilon_a = \frac{\sigma'_f}{E}\left(\frac{1-R_\sigma}{2}\right)^{(1-\gamma)}(2N_f)^b + \varepsilon'_f\left(\frac{1-R_\sigma}{2}\right)^{c(1-\gamma)/b}(2N_f)^c \qquad (1\text{-}45)$$

Dowling[176]基于系列钢和铝合金的疲劳试验数据给出了SWT应变–寿命方程：

$$\varepsilon_{\mathrm{a}} = \frac{\sigma'_{\mathrm{f}}}{E}\left[2N_{\mathrm{f}}\left(\frac{1-R_{\sigma}}{2}\right)^{1/2b}\right]^{b} + \varepsilon'_{\mathrm{f}}\left[2N_{\mathrm{f}}\left(\frac{1-R_{\sigma}}{2}\right)^{1/2b}\right]^{c} \qquad (1\text{-}46)$$

除应力–寿命模型和应变–寿命模型外，还有学者尝试从能量耗散角度出发，结合平均应力下应变能密度的变化规律建立与疲劳损伤演化及寿命的关联[177-178]。苏运来等[179]根据应力比的二次插值，建立了插值范围内任意应力比下的塑性应变能损伤参量与疲劳寿命的关系。参照前述的SWT应力–寿命方程，学者们又提出了SWT应变–寿命方程（式1-47），该方程认为在有平均应力的情况下，寿命与循环中的最大应力和应变幅的乘积有关[171]。

$$\varepsilon_{\mathrm{n,a}}\sigma_{\mathrm{n,max}} = \frac{\left(\sigma'_{\mathrm{f}}\right)^{2}}{E}\left(2N_{\mathrm{f}}\right)^{2b} + \sigma'_{\mathrm{f}}\varepsilon'_{\mathrm{f}}\left(2N_{\mathrm{f}}\right)^{b+c} \qquad (1\text{-}47)$$

因为SWT应变–寿命方程属临界平面法，其损伤参量包括具有最大正应变幅值 $\varepsilon_{\mathrm{n,a}}$ 的临界平面上的最大正应力 $\sigma_{\mathrm{n,max}}$ ，故在下标中增加了"n"以示区分。

朱顺鹏等[170]通过引入平均应力敏度和平均应力修正函数，提出了一种式（1-48）所示的修正的应变能–寿命方程，经SAE 1045钢在内的11种材料数据对比验证，其较Morrow、Walker、SWT及前期提出的广义能量损伤参量[180]，在各寿命区间（ $N_{\mathrm{f}} < 10^{3}$ 周、 10^{3} 周 $\leqslant N_{\mathrm{f}} \leqslant 10^{5}$ 周和 $N_{\mathrm{f}} > 10^{5}$ 周）均预测效果良好。

$$\left(\frac{\sigma_{\max}}{\sigma'_{\mathrm{f}}}\right)^{2}\Delta W_{\mathrm{e}} + \left(\frac{\sigma_{\max}}{\sigma'_{\mathrm{f}}}\right)^{(1+n')/n'}\Delta W_{\mathrm{p}} = C\left(N_{\mathrm{f}}\right)^{\alpha} \qquad (1\text{-}48)$$

式中，C 和 α 为据应变能密度–寿命体系拟合的材料常数。

后续，考虑到塑性应变能密度的计算方式较为固定，学者们尝试构建含塑性应变能在内的总应变能参量以实现与疲劳寿命的更紧密关联。从考虑平均应力影响的角度出发，最常见的便是由正弹性应变能和塑性应变能组合为总应变能。常见正弹性应变能密度的定义在文献[181]中有较系统梳理。此外，针对不同的 R_{σ} 区间，还有由更多类型应变能分量组成的总应变能定义[182]。但是，目前尚无基于多载荷类型、大样本疲劳试验数据对比各种总应变能−寿命模型预测能力的相关工作。

围绕平均应力下缺口结构疲劳寿命预测问题，学者们前期也做了大量有益探索[183]。辛朋朋[116]将 Walker 有效应力幅值与最弱链理论结合，建立了平均应力下缺口结构概率疲劳寿命预测模型，较准确预测了三型棒状缺口件在对称和非对称载荷下的疲劳寿命。考虑缺口区域应力分布特征，王延荣等[184]引入应力梯度影响因子将缺口试件与光滑试件的疲劳寿命关联，并采用平均应力梯度修正尺寸效应的影响，从而通过应力梯度影响因子和尺寸影响因子分别考虑应力梯度和尺寸效应对疲劳寿命的影响，最终得到式（1-49）所示应变修正模型。

$$\varepsilon_a = Y^{mC^a} \left\{ \frac{\sigma'_f}{E} \left[2N_f \left(\frac{1-R_\sigma}{2} \right)^{(1-\gamma)/b} \right]^b + \varepsilon'_f \left[2N_f \left(\frac{1-R_\sigma}{2} \right)^{(1-\gamma)/b} \right]^c \right\} \quad (1\text{-}49)$$

式中，Y 为应力梯度影响因子；m 为应力梯度影响指数；C 为尺寸影响因子；a 为尺寸影响指数；R_σ 为缺口局部应力比；γ 为平均应力影响系数。

石亮等[26]基于该模型预测了 GH901 标准试件和涡轮盘螺栓孔的疲劳寿命，试验数据点全部落在预测值两倍分散带内。但基于平均应力梯度构建尺寸影响因子未能真正展现危险体积对疲劳寿命的影响，刘香等[185]通过引入缺口对称面径向归一化应力从 1.0 降到 0.9 的距离定义尺寸影响因子进一步拓展了该方法，但其应力梯度影响因子仍通过线弹性分析计算，是否可推广至弹塑性情形尚未可知。

1.2.4 概率疲劳

受源自材料、载荷、尺寸等方面的多源不确定性因素影响，疲劳损伤演化往往呈现出不容忽视的分散特征。尤其，当计算对输入的细微变化极其敏感时，参数在合理范围波动所导致的疲劳寿命差异可达千倍。此时，传统确定性模型耦合安全/分散系数的设计准则不再适用，亟待发展可有效量化描述疲劳行为分散性的概率模型，以面向现代结构工程领域基于可靠性的最优化（精细）设计发展趋势，满足设计冗余度检测、检修周期、维护间隔以及服役条件确定等需求。

图1-19以航空发动机热端部件为例，展示了影响其疲劳损伤演化进程的多源不确定性因素。在结构疲劳寿命评估中，工程师们不仅要合理评价结构的初始性能，还应详细分析损伤演化行为、裂纹扩展过程、环境载荷历程，以及载荷不确定性间的关联。鉴于传统确定性方法无法反映疲劳失效行为的随机性和偶然性，现代机械强度设计方法要求借助概率和统计理论，进行概率疲劳的理论和应用研究，探寻紊乱的随机差异中的统计规律，反映疲劳行为本征随机属性[186]。结构疲劳与可靠性国际知名专家、我国飞机结构寿命与可靠性理论奠基人高镇同院士总结道，"必须采用'概率方法'，即综合运用概率统计和力学分析方法解决疲劳分析和设计问题。"

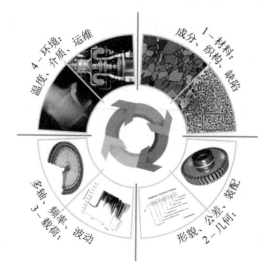

图1-19　疲劳损伤演化进程的多源不确定性因素

事实上，绝大多数现有疲劳模型本质上都是确定性的。图1-20基于Web of Science核心合集梳理了1970至2020年间概率疲劳研究的发展趋势，具体做法是分别统计含"疲劳"和"概率疲劳"的出版物数量进行分析。诚然，该做法一定程度上并不严谨，但不妨碍从整体视角把握该方向的发展趋势。

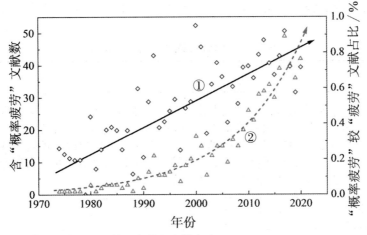

① "概率疲劳"较"疲劳"文献占比
②含"概率疲劳"文献数

图1-20 概率疲劳研究发展趋势

由图1-20不难看出，概率疲劳相关研究近乎呈指数上升趋势，其在疲劳研究工作中的占比也呈直线上升（但也仅占1.0%左右），可见其蓬勃发展的势头和广阔的前景。面向国家重大战略需求，尤其是《中华人民共和国国民经济和社会发展第十四个五年规划和2035年远景目标纲要》、《中国制造2025》中"质量为先"的基本方针，以及近期工业和信息化部等五部门联合发布的《制造业可靠性提升实施意见》，发展概率疲劳设计理论和方法研究有助于提升机械产品的质量和可靠度[187-188]，从而在激烈的国际市场商业竞争中赢得主动，占据先机。

不确定性是个体的本质。如前所述，疲劳失效过程受多源不确定性因素影响，表1-2列举了机械结构疲劳分散性来源。鉴于此，疲劳失效行为（数据）不可避免地呈现出不同程度的随机性。为从概率统计角度实现对机械结构疲劳性能的可靠评定，明确导致分散性的关键因素是必要前提。而后，基于数据统计明确这些因素的分布特征和分布参数，以便在概率疲劳分析中合理、有效考虑其影响。鉴于实际工程结构中缺口（应力集中）部位往往是其薄弱环节，且受前述多源不确定性因素影响，缺口结构的疲劳破坏行为展现出较强的随机性，据此开展概率建模极为重要[130]。

表1-2 机械结构疲劳分散性来源

类型	具体内容
材料属性	材料疲劳性能（如疲劳寿命、疲劳强度（极限）、断裂韧度）的固有分散性、材料内部初始缺陷分布（孔隙率、统计特征）、裂纹干涉、基材差异（不同批次）、材料内在不均匀性、各向异性、晶粒取向、裂纹闭合、测量与统计过程中样本基数不足及人工误差（试验环境、操作流程）所致不确定性等
几何结构	尺寸效应（统计）、缺口效应（应力集中）等
加工制造	表面状态、热处理、残余应力、制造工艺、结构几何尺寸分散性（制造质量波动、定位精度）、刀具磨损等
载荷环境	运行条件、使用时间、环境介质、载荷特征（平均应力、变幅加载、多轴疲劳、加载频率、载荷谱编制）、结构各单元承载能力差异、联结方式、边界条件差异、安装调试、维修维护保养差异、装配导致的应力分布差异等

除表1-2所列分散性来源外，在疲劳分析中还需考虑模型与计算的影响。平常认可的一些通用疲劳模型可能未必完全契合疲劳失效机理。事实上，在确定性输入与确定性输出之间，始终存在一个不断探索、了解却始终存在一定不完备认知的黑箱[189]。总体而言，模型不确定性包括形式不确定性[190]、参数不确定性[191]和预测误差不确定性[192]三个方面，与此对应也发展了相应的建模方法。值得一提的是，正如英国著名统计学家George所指出的——"Essentially, all models are wrong, but some are useful.（本质上所有模型都是错误的，但有些是有用的。）"[193]实际中，不能奢望一个简单的模型能够完美描述某种现象。因此，为迎合现代机械结构可靠设计的趋势，应主动在概率疲劳分析中合理考虑模型不确定性的影响。

疲劳行为分散性一般呈现为如图1-21所示的四种典型形式，即疲劳寿命、疲劳强度（极限）、裂纹扩展和累积损伤。经过相当时间发展，概率疲劳建模相关模型和方法已有较多积淀。其原理均为对表1-2所示单个或多个不确定性来源做随机化处理或考虑模型与计算不确定性以融入概率元素，更多信息可参考文献[194]。

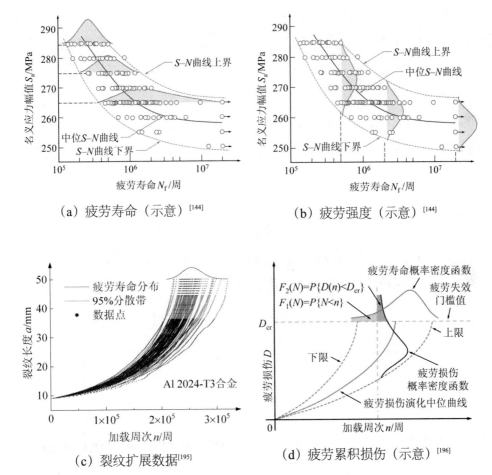

（a）疲劳寿命（示意）[144]　　　　　（b）疲劳强度（示意）[144]

（c）裂纹扩展数据[195]　　　　　（d）疲劳累积损伤（示意）[196]

图1-21　疲劳行为分散性四种典型形式

1.3 本书研究思路和主要工作

　　本书的研究思路是需求立题、试验研究和结构应用相结合，旨在破解缺口结构疲劳分析及评估中材料行为研究向结构强度设计承接的理论和方法难题，具体面向尺寸效应下和平均应力下缺口结构疲劳寿命预测两大关键问题。针对尺寸效应下缺口疲劳问题，选取大尺寸机身结构制造用 Al 7075-T6511 合金设计了不同比例类结构缺口件疲劳试验；针对平均应力下缺口疲劳问题，选取服役时须承受较高平均应力的航空发动机转子件制造用 GH4169 合金设计了不同应力比下的缺口件疲劳试验。而后，通过耦合断面分析和有限元模拟，复现疲劳失效过程及循环力学响应，并据此分别提出疲劳损伤驱动参量并建立寿命预测模型，其逻辑框架如图1-22所示。具体地，第二、三章开展疲劳试验和失效机理分析，第四、五、六章进行理论建模和结构疲劳寿命预测。各章详细内容安排如下。

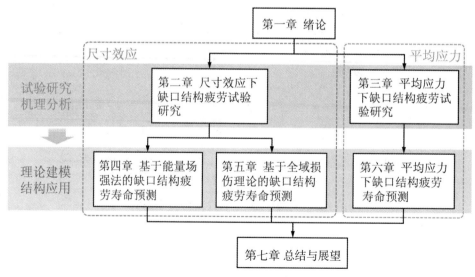

图1-22　本书逻辑架构

　　第一章详细展示课题研究的背景和意义，系统梳理缺口效应、尺寸效应和平均应力效应的现有建模方法及寿命模型，同时，简要介绍概率疲劳研究现状及疲劳行为分散性的四种表现形式。最后罗列本书的主要研究工作。

　　第二章设计并开展针对航空用 Al 7075-T6511 合金光滑件及不同比例缺口件疲劳试验，研究尺寸效应对缺口结构疲劳失效进程的影响；探明该合金在不同载荷水平下的失效机理，明确光滑件和缺口件疲劳失效过程中整体响应保持稳定末期对应的寿命分数；基于扫描电镜对断面的分析，研究辉纹间距随试件比例变化的总体趋势，获取尺寸效应影响缺口件应力分布，进而影响其疲劳强度的微观证据。

　　第三章设计并进行不同应力比下盘用 GH4169 合金缺口件疲劳试验，研究平均应力效应对缺口结构疲劳失效行为的影响；进行断面微结构分析，明确不同载荷水平下 GH4169 合金缺口件的失效机理，探讨 Walker 和改进 Walker 应力-寿命模型在关联不同应力比下缺口疲劳试验数据方面的能力。

　　第四章提出一种通用总应变能密度（generalized strain energy density, GSED）-寿命方程，给出确定相关模型参数的标准流程，并用 Al 7075-T6511 合金及某锻铁的应变控疲劳试验数据进行验证；针对疲劳危险点显著的情形，提出能量场强法并引入有效损伤区体积比来修正尺寸效应的影响；提取 Al 7075-T6511 合金疲劳试验数据分散特征，对能量场强法进行概率化处理，最后与不同比例、不同载荷水平下缺口疲劳试验数据作对比验证。

　　第五章针对多部位损伤特征下复杂工程结构疲劳强度设计需求，建立一种缺口结构概率疲劳寿命预测的全域损伤理论；综合考虑缺口效应、尺寸效应、多轴疲劳和数据分散的影响，基于不同尺寸光滑件疲劳试验数据，验证所提模型描述疲劳性能尺寸效应及数据分散性的能力；用 TA19 合金缺口试件疲劳试验数据，验证所提模型描述疲劳寿命及其分散性随载荷和尺寸变化规律的有效性。

　　第六章围绕平均应力下缺口结构疲劳寿命预测需求，确定任意应力比下均可稳定描述损伤分布的损伤参量，据此发展缺口件疲劳寿命预测通用模型，并用GH4169合金缺口试件疲劳试验数据验证；在三种典型工况下对某型发动机高压涡轮盘开展有限元分析，明确其疲劳敏感部位，提取危险点附近循环响应，并据此应用所提模型进行高压涡轮盘疲劳寿命预测。

第七章总结本书关键结论，明确主要创新点，并展望后续研究工作。

1.4 本章小结

疲劳是造成机械结构失效最常见的原因之一。自19世纪30年代德国采矿工程师Albert开展有记录的第一次疲劳试验以来，关于疲劳的研究已有近两百年历史。虽然，在先进试验、监测、表征和仿真技术的辅助下，业界对疲劳失效机理有了更深入的认知。但是，疲劳在科学研究和工程设计两个层面缺乏互动的问题一直未能得到有效解决。尽管材料疲劳研究层面的发展日新月异，但是却未能有效带动结构疲劳强度设计与评估理论的发展。矛盾尤其体现在以下三个方面：（1）材料级试件疲劳试验往往无法考虑实际工程结构的不均匀应力场；（2）材料级试件与实际结构（如工程结构的具体尺寸和芯片结构的极小尺寸）的尺寸存在差异；（3）不断改进疲劳模型，追求更小预测误差却忽视了疲劳失效行为的本征分散性。

鉴于此，本书以疲劳失效往往发生在缺口部位这一工程实际为牵引，开展了由材料到结构的疲劳分析与寿命预测研究，以求抛砖引玉，引起业界同行对这一重要实际工程需求的关注，推动制造业可靠性提升。本章首先结合典型案例介绍了开展该工作的工程背景和重要意义，而后引出了缺口效应、尺寸效应、平均应力效应和概率疲劳等影响材料疲劳性能与部件疲劳强度高置信度递推的四个关键因素，并详细介绍了其研究现状。据此，整合试验研究、机理分析、理论建模及结构应用等环节，拟定了本书的研究思路和主要工作。

第二章

尺寸效应下缺口结构疲劳试验研究

2.1 引言

工程中，开展结构疲劳强度评估的基本流程是基于材料级疲劳试验获取材料的力学和疲劳性能参数并建立疲劳模型，接着运用有限元仿真软件模拟所研究结构在给定工况下的循环力学行为，最后提取结构关键区域的应力–应变响应，并代入疲劳模型中计算结构的疲劳寿命或强度。然而，这一过程忽略了小尺寸疲劳试件与全尺寸工程部件间疲劳性能的差异，导致结构实际的强度往往低于预期。此外，缺口特征引入的不均匀应力分布更增加了精确定寿难度。据此，本章基于飞机框架、壁板、起落架、蒙皮等结构常用的 Al 7075-T6511 合金，开展了尺寸效应下缺口结构疲劳行为试验研究，并通过断面分析发现了尺寸效应影响的微观证据。

2.2 试验材料

本章疲劳试验研究所用材料为西南铝业（集团）有限责任公司生产的 Al 7075-T6511 合金。7075 合金是美国较早开发的一种铝合金，是航空航天领域广泛使用的一种轻型结构材料，T6511 为其热处理和预拉伸工艺代号。该合金采用冷处理锻压成型，具有密度低、强度高、硬度高、抗疲劳和抗腐蚀性能良好的特点，广泛用于航空航天、模具加工、机械设备、工装夹具等领域，特别适用于制造飞机结构等要求强度高、抗腐蚀性能强的高应力结构体。加工试件的材料取自尺寸为 500 mm×120 mm×200 mm 的厚铝板，该铝板由 Al 7075-T6511 合金制成。Al 7075-T6511 合金的微结构金相如图 2-1 所示。GB/T 3190—2020《变形铝及铝合金化学成分》[197]中对 7075 型铝合金的化学成分质量分数要求见表 2-1 所列。

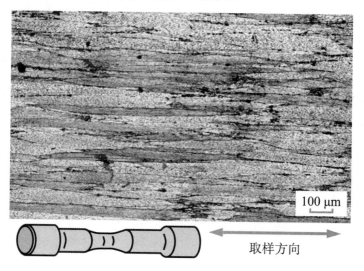

图 2-1　Al 7075-T6511 合金微结构金相

表2-1　7075型铝合金化学成分质量分数要求[197]

单位：%

Si	Fe	Cu	Mn	Mg	Cr	Zn	Ti	Al
0.40	0.50	1.20～2.00	0.30	2.10～2.90	0.18～0.28	5.10～6.10	0.20	余

为测定 Al 7075-T6511 合金的力学性能，首先依据 ASTM E8/E8M-16a "Standard Test Methods for Tension Testing of Metallic Materials"[198]设计并加工了两根棒状轴向拉伸光滑试件，其形状和几何尺寸如图2-2（a）所示。单轴拉伸试验在室温下进行，后续光滑件和缺口件疲劳试验温度均与此一致。单轴拉伸试验过程通过应变控制，应变率保持为 0.5% mm/mm/min，直至拉至 15% mm/mm 停止。应变采用 MTS 634.11F-24 常温轴向引伸计测量，其标距段长度为 25 mm，行程范围为–10%～20% mm/mm。应变控模式下光滑件常温疲劳试验运行状态如图2-3所示。Al 7075-T6511 合金室温单轴拉伸应力-应变关系如图2-4所示。经测量，室温下的 Al 7075-T6511 合金弹性模量为 69.8 GPa，其他参数详见表2-2所列。

单位：mm

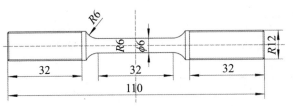

（a）轴向拉伸光滑试件

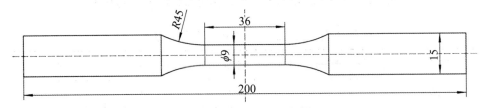

（b）应变控光滑疲劳试件

图2-2　Al 7075-T6511 合金试件

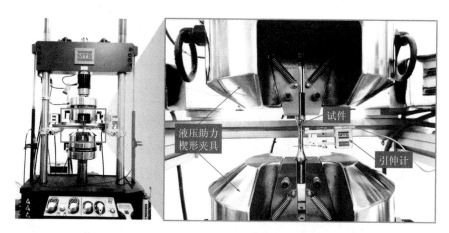

图2-3　应变控模式下光滑件常温疲劳试验运行状态

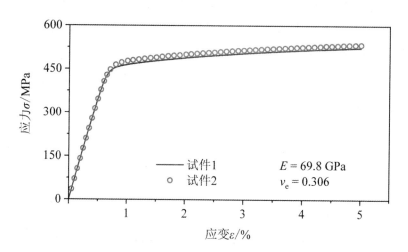

图2-4　Al 7075-T6511合金室温单轴拉伸应力-应变关系

表2-2　室温下Al 7075-T6511合金的力学参数

E /GPa	$\sigma_{0.2}$ /MPa	σ_{b} /MPa	v_{c}	v_{p}
69.8	470.06	548.88	0.306	0.5

2.3 光滑件疲劳试验

为确定 Al 7075-T6511 合金在室温下的疲劳性能参数，本节设计了应变控疲劳试验，应变同样用 MTS 634.11F-24 型引伸计测量。应变控光滑疲劳试件［图2-2（b）］的几何尺寸参照 ASTM E606/E606M-12 "Standard Test Method for Strain-Controlled Fatigue Testing" [199]设计。结合引伸计标距段长度和 ASTM E606/E606M-12 标准，应变控光滑疲劳试件两侧夹持端的直径至少要取到 18 mm，然而，这与疲劳试验机配套工装尺寸不符，因此，未在两端设计螺纹，而是用液压助力楔形夹具直接夹持试件。

2.3.1 试验数据

应变控疲劳试验采用对称三角波加载，所有试验应变率均保持在 0.01 mm/mm/s。失效判据为应力幅值较稳定值下降 10%，随即终止试验。试验共设置了 8 个载荷级，最后的疲劳试验数据见表 2-3 所列。据此，参照 *Mechanical Behavior of Materials: Engineering Methods for Deformation, Fracture, and Fatigue*[171]中给出的拟合方法可确定表 2-4 所列 6 个材料疲劳参数。其中，参数 σ'_f、b、ε'_f 和 c 系据 MCB 方程拟合［式(2-1)］，参数 K' 和 n' 系据 Ramberg-Osgood 方程拟合［式（2-2）］。

表2-3 室温下 Al 7075-T6511 合金光滑件应变控疲劳试验数据

No.	ε_a /%	σ_a /MPa	σ_{max} /MPa	N_f /周	断裂
1	1.40	461.72	464.48	67	是
2	1.40	523.01	524.68	64	是
3	1.10	462.17	459.62	39	是
4	1.10	455.16	455.47	125	是
5	1.10	466.39	464.40	102	是
6	0.85	500.47	494.17	308	是
7	0.85	444.35	441.27	303	是
8	0.85	442.60	440.53	296	是
9	0.65	413.94	404.06	1 321	是
10	0.65	457.00	442.84	2 257	是
11	0.65	454.02	441.06	2 052	是
12	0.65	413.73	407.01	1 596	是
13	0.65	407.79	402.12	1 120	是
14	0.50	357.72	347.52	12 097	是
15	0.50	352.89	349.25	7 212	是
16	0.50	356.46	347.10	9 380	是
17	0.50	354.11	348.65	9 166	是
18	0.40	287.27	281.26	40 289	是
19	0.40	287.13	282.28	19 381	是
20	0.40	284.02	272.03	20 627	是
21	0.40	285.87	282.48	26 708	是
22	0.35	250.75	243.35	61 842	是
23	0.35	251.03	246.26	54 199	是
24	0.35	249.80	243.07	76 392	是
25	0.32	228.89	231.98	85 575	是
26	0.32	229.48	227.95	238 079	否

表2-4　室温下 Al 7075-T6511 合金疲劳参数

σ'_f /MPa	b	ε'_f	c	K' /MPa	n'
877.534 1	−0.103 2	0.179 6	−0.708 2	711.213 5	0.075 46

$$\varepsilon_a = \varepsilon_{a,e} + \varepsilon_{a,p} = \frac{\sigma'_f}{E}\left(2N_f\right)^b + \varepsilon'_f\left(2N_f\right)^c \qquad (2\text{-}1)$$

式中，$\varepsilon_{a,e}$ 和 $\varepsilon_{a,p}$ 分别为弹性和塑性应变幅值。

$$\varepsilon_a = \frac{\sigma_a}{E} + \left(\frac{\sigma_a}{K'}\right)^{\frac{1}{n'}} \qquad (2\text{-}2)$$

式（2-1）和式（2-2）对应的拟合线和数据点之间的关系分别如图2-5
和图2-6所示。

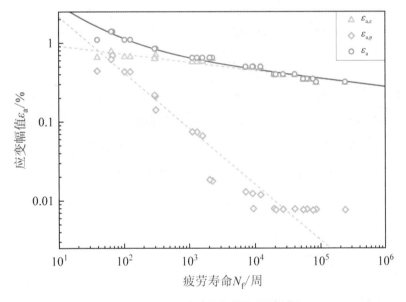

图 2-5　室温下 Al 7075-T6511 合金应变–寿命数据点及 MCB 方程拟合线

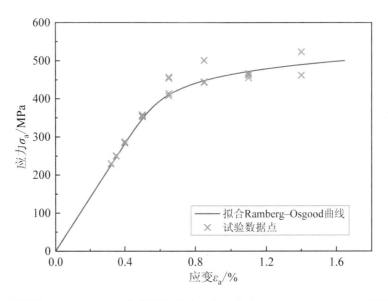

图2-6 室温下Al 7075-T6511合金循环应力-应变响应及Ramberg-Osgood方程拟合线

本文选用Chaboche非线性随动硬化本构模型，据如上数据所拟合参数见表2-5所列。其中，γ_3参照Koo和Kwon确定本构参数的做法取1[200]。为验证Chaboche本构模型描述室温下Al 7075-T6511合金循环应力-应变响应的有效性，在ANSYS软件中建立试件标距段的有限元模型并施加了相同的应变载荷进行分析。最终，仿真结果与试验实测结果（$N_f/2$迟滞回线）的对比如图2-7所示。

表2-5 室温下Al 7075-T6511合金Chaboche本构模型参数

σ_0 /MPa	C_1 /MPa	γ_1	C_2 /MPa	γ_2	C_3 /MPa	γ_3
354.94	80 302	1 128.97	9 385	140.69	1 818	1

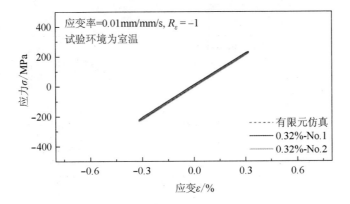

（a）0.32%应变幅值

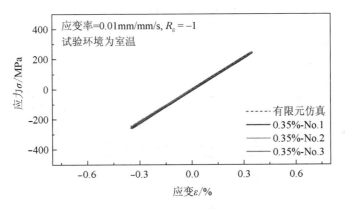

（b）0.35%应变幅值

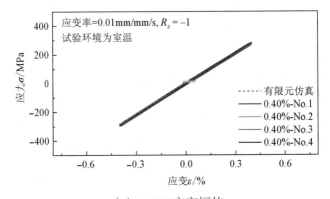

（c）0.40%应变幅值

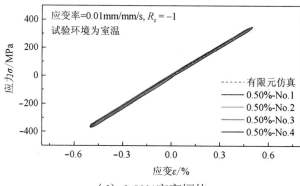

（d）0.50%应变幅值

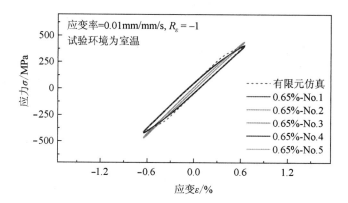

（e）0.65%应变幅值

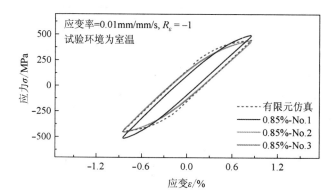

（f）0.85%应变幅值

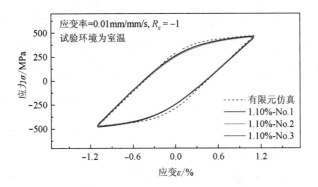

（g）1.10%应变幅值

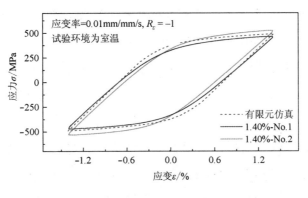

（h）1.40%应变幅值

图2-7　室温下Al 7075-T6511合金不同应变幅值下的试验和仿真迟滞回线对比

由图2-7可知，在不同应变幅值下，试验和仿真迟滞回线均呈现出较好一致性，验证了Chaboche模型用于室温下Al 7075-T6511合金循环本构建模的有效性。

2.3.2　断面分析

为研究不同载荷水平下Al 7075-T6511合金的失效机理，选取0.32%、0.65%和1.40%三种应变幅下疲劳试件各一根进行了断面分析，全局拍摄和局部微结构拍摄依次采用基恩士光学显微镜和赛默飞扫描电镜，相关结果如图2-8至图2-10所示。总体而言，当载荷水平较低时，断面上仅存在单一裂纹源（图2-10）；但随着载荷水平增大，多个位置位错滑移被触发，形成了多裂纹源（图2-8和图2-9）。此外，稳定裂纹扩展区面积随应变范围的增大而减小；相应地，失稳扩展区（快速断裂区）面积增大，这也就意味着随着载荷增大，疲劳寿命会越来越短。

具体而言，编号为No.1的试件，由于所施加载荷水平较高，在断面边缘环绕着大量微裂纹，图2-8（b）中仅标示了其中3个。在裂纹源间，明显可见由从不同平面（位置）萌生的多源裂纹扩展、融合所形成的棘轮花样（台阶）。在距表面500、1 000和2 000 μm的微结构图中，均未发现疲劳辉纹，但每个图中均可见散布的韧窝。这是由于热处理后Al 7075-T6511合金中存在大量纳米强化相，使裂纹形成后扩展受到很大阻力，裂纹在晶粒内部扩展困难，导致裂纹彼此相邻边界处发生较大变形从而以撕裂的方式连接，使部分晶粒片层断裂，呈现出小平面断裂的特征[181]。其中，在韧窝中的"蛹状"颗粒为Al 7075-T6511合金在热处理过程中产生的纳米强化相[181]，这在图2-8（d）和图2-8（e）中尤为明显，表明了该合金的脆性断裂失效模式。

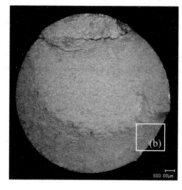

（a）全局视图

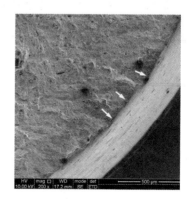

（b）局部视图

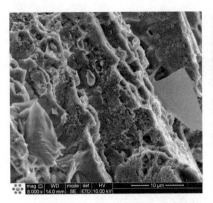 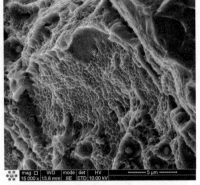

（c）微结构（距裂纹源500 μm）　（d）微结构（距裂纹源1 000 μm）

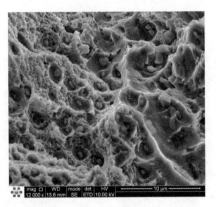

（e）微结构（距裂纹源2 000 μm）

图2-8　编号No.1试件断面（ε_a =1.40%，　N_f =67）

编号为No.10的试件，其断面边缘处也存在大量微裂纹，其中3个在图2-9（b）中已用箭头标示。整体而言，由于载荷较大，裂纹萌生和扩展区的总面积相较试件横截面很小。图2-9给出了距表面裂纹源500、1 000和2 000 μm处断面的微结构形貌。在图2-9（c）中，可见有序排列的疲劳辉纹；在图2-9（d）中，疲劳辉纹不再规则并开始出现一些韧窝；在图2-9（e）中，呈现出图2-8（c）所示微结构形貌，未能找到疲劳辉纹且韧窝更加明显。经统计，图2-9（c）和图2-9（d）中疲劳辉纹间距分别为1.046和1.385 μm。总结而言，该试件失效过程包含早期的渐进式疲劳损伤和最终的脆性断裂两个阶段。

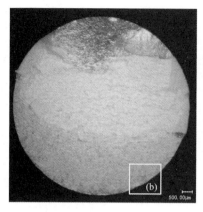

（a）全局视图 （b）局部视图

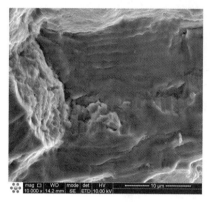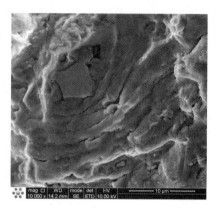

（c）微结构（距裂纹源 500 μm） （d）微结构（距裂纹源 1 000 μm）

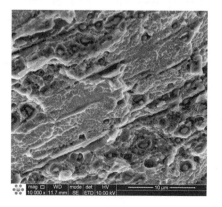

（e）微结构（距裂纹源 2 000 μm）

图 2-9 编号 No.10 试件断面（ε_a =0.65%， N_f =2 257）

编号为No.25的试件，其唯一的裂纹源已在图2-10（b）中用箭头标示。起初，裂纹缓慢萌生并扩展，呈现出以裂纹源为中心向四周辐射的放射台阶和条纹，它们的方向与裂纹扩展方向一致。之后，随着裂纹进一步扩展，由于边缘处应力水平相对较高，裂纹扩展速率更快，裂纹发展为图2-10（a）中的"眼"状［稳定扩展区和快速断裂区的边界已用虚线在图2-10（b）中标注］。在稳定裂纹扩展区，由于反复张开和闭合使断面两侧相互挤压和摩擦，形成了断面上最细滑的区域[201]。图2-10（c）至图2-10（e）依次展示了距离裂纹源500、1 000和2 000 μm处的疲劳辉纹，辉纹的方向和裂纹扩展方向垂直，每一条辉纹均为一次循环中的扩展痕迹。经统计，平均辉纹间距分别为0.126、0.223和0.657 μm，其随循环加载周次的增加而增大。此外，疲劳条带间存在大量弥散的强化相。实际上，随着裂纹不断扩展，承受载荷的净截面面积减小，疲劳损伤演化加速，致使疲劳辉纹间距不断增大。最后，当裂纹扩展至临界尺寸时，不稳定裂纹扩展发生，形成了图示快速断裂区。本节断面分析结果与韩剑等[201]关于7075-T6511铝合金疲劳特性的研究结果基本一致。

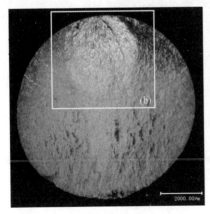　　　　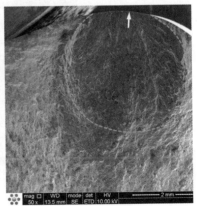

（a）全局视图　　　　　　　　（b）局部视图

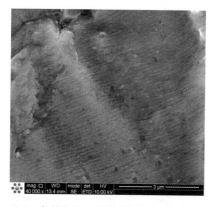 

（c）疲劳辉纹（距裂纹源 500 μm）　（d）疲劳辉纹（距裂纹源 1 000 μm）

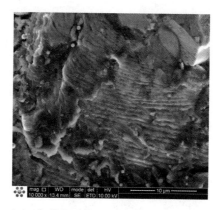

（e）疲劳辉纹（距裂纹源 2 000 μm）

图 2-10　编号 No.25 试件断面（ε_a =0.32%，N_f =85 575）

总之，随着载荷水平不断增大，裂纹源数量逐渐增多。在低载荷水平下，试件破坏模式为渐进式疲劳失效；随着载荷水平增大，失效过程包含渐进式疲劳损伤和最终脆性断裂两个过程。当载荷继续增大至一定水平时，未找到疲劳辉纹，断面呈现出明显的脆性断裂特征。

2.4 板状缺口件疲劳试验

为研究尺寸效应对缺口结构疲劳失效的影响机制，本节设计了4种不同尺寸的Al 7075-T6511合金板状缺口试件（图2-11）。鉴于不同比例缺口试件在考核部位（即中部）的几何形貌相似，这里仅展示100%比例缺口试件形貌 [图2-11（a）]。具体尺寸信息已在表2-6给出。加工的缺口试件实物如图2-11（b）所示。不同比例的试件保证了其中间考核部位的尺寸完全成比例，仅两侧夹持端的尺寸和形貌稍有差异。

表2-6　不同比例Al 7075-T6511合金缺口疲劳试件尺寸

单位：mm

比例	d	w	t	r	l_1	l_2	l_3	l_4
50%	5	14	3	22	0.4	24	35	140
75%	7.5	21	4.5	22	0.6	30	35	140
100%	10	28	6	22	0.8	36	35	140
150%	15	42	9	44	1.2	60	50	190

前期已基于有限元仿真分析结果预留足够长度的过渡段，以保证缺口部位应力分布的一致性。经有限元计算，50%、75%、100%和150%比例缺口试件的理论应力集中系数 K_t 依次为2.427、2.427、2.416和2.420。

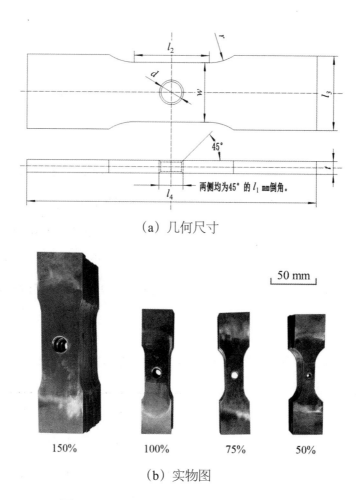

（a）几何尺寸

50 mm

150%   100%   75%   50%

（b）实物图

图 2-11　Al 7075-T6511 合金缺口疲劳试件

2.4.1　试验数据

　　试件直接用液压助力楔形夹具配套的平板试件用夹头夹持并轴向加载。试验采用应力控制方法，按净截面计算名义应力，采用 3 Hz 对称三角波进行加载直至断裂。每种比例缺口试件均在 5 个不同的应力级下开展了试验，试验数据见表 2-7 所列。

表2-7 不同应力水平下不同比例Al 7075-T6511板状缺口试件疲劳试验数据

No.	S_a/MPa	N_f/周	No.	S_a/MPa	N_f/周
N-50%-120-1	120	85 379	N-75%-165-3	165	12 966
N-50%-120-2	120	248 614	N-75%-180-1	180	7 223
N-50%-135-1	135	24 656	N-75%-180-2	180	6 112
N-50%-135-2	135	28 487	N-75%-180-3	180	5 229
N-50%-135-3	135	47 870	N-75%-180-4	180	5 714
N-50%-150-1	150	12 982	N-75%-180-5	180	6 152
N-50%-150-2	150	12 817	N-100%-120-1	120	57 254
N-50%-150-3	150	35 255	N-100%-120-2	120	53 548
N-50%-165-1	165	14 542	N-100%-120-3	120	54 418
N-50%-165-2	165	10 859	N-100%-120-4	120	49 790
N-50%-180-1	180	7 566	N-100%-120-5	120	51 208
N-50%-180-2	180	8 689	N-100%-120-6	120	43 897
N-75%-120-1	120	44 030	N-100%-135-1	135	38 227
N-75%-120-2	120	54 884	N-100%-135-2	135	47 262
N-75%-120-3	120	61 717	N-100%-135-3	135	29 748
N-75%-120-4	120	56 233	N-100%-135-4	135	31 080
N-75%-120-5	120	76 906	N-100%-150-1	150	19 589
N-75%-120-6	120	75 176	N-100%-150-2	150	19 902
N-75%-135-1	135	43 847	N-100%-150-3	150	19 301
N-75%-135-2	135	36 812	N-100%-150-4	150	18 762
N-75%-135-3	135	38 513	N-100%-165-1	165	13 267
N-75%-135-4	135	31 964	N-100%-165-2	165	11 052
N-75%-150-1	150	20 670	N-100%-165-3	165	11 922
N-75%-150-2	150	22 434	N-100%-180-1	180	7 909
N-75%-150-3	150	14 024	N-100%-180-2	180	8 012
N-75%-165-1	165	11 194	N-100%-180-3	180	6 939
N-75%-165-2	165	11 751	N-100%-180-4	180	6 653

续表

No.	S_a /MPa	N_f /周	No.	S_a /MPa	N_f /周
N-150%-120-1	120	63 705	N-150%-150-2	150	17 260
N-150%-120-2	120	74 215	N-150%-150-3	150	17 008
N-150%-120-3	120	50 744	N-150%-150-4	150	17 407
N-150%-120-4	120	48 589	N-150%-165-1	165	10 026
N-150%-120-5	120	43 957	N-150%-165-2	165	10 881
N-150%-135-1	135	34 481	N-150%-165-3	165	8 425
N-150%-135-2	135	31 573	N-150%-180-1	180	7 076
N-150%-135-3	135	28 503	N-150%-180-2	180	6 419
N-150%-135-4	135	47 716	N-150%-180-3	180	5 929
N-150%-150-1	150	17 273	N-150%-180-4	180	5 283

图 2-12 展示了不同应力水平下不同比例 Al 7075-T6511 板状缺口试件的载荷–寿命关系。但鉴于疲劳试验数据的分散性（且受成本限制无法开展大样本试验），图 2-12 未能直观展现尺寸效应。据此，本节先计算了不同应力水平下不同比例 Al 7075-T6511 板状缺口试件的平均寿命（表 2-8），然后据此进行了尺寸效应显著性统计（表 2-9）。

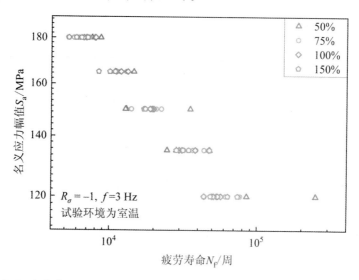

图 2-12 不同应力水平下不同比例 Al 7075-T6511 板状缺口试件载荷–寿命关系图

表2-8　不同应力水平下不同比例Al 7075-T6511板状缺口试件平均寿命

S_a /MPa	比例			
	50%	75%	100%	150%
120	166 996	61 491	51 685	56 242
135	33 671	37 784	36 579	35 568
150	20 351	19 042	19 388	17 237
165	12 700	11 970	12 080	9 777
180	8 127	6 086	7 378	6 176

表2-9　尺寸效应显著性统计

S_a /MPa	120	135	150	165	180	占比	平均占比
$N_{m,50\%} > N_{m,75\%}$	是	否	是	是	是	80%	67%
$N_{m,75\%} > N_{m,100\%}$	是	是	否	否	否	40%	67%
$N_{m,100\%} > N_{m,150\%}$	否	是	是	是	是	80%	67%
$N_{m,50\%} > N_{m,100\%}$	是	否	是	是	是	80%	80%
$N_{m,75\%} > N_{m,150\%}$	是	是	是	是	否	80%	80%
$N_{m,50\%} > N_{m,150\%}$	是	否	是	是	是	80%	80%
占比	83%	50%	83%	83%	67%	73%	73%

在表2-8中，没有发现载荷级完全符合50%-75%-100%-150%缺口试件平均疲劳寿命依次递减的规律。这是否表示不存在尺寸效应？实际上，疲劳失效过程分散性显著（例如，150 MPa名义应力载荷下，50%缺口试件的最大寿命与最小寿命相差22 438周，比值接近2.75），若尺寸效应对疲劳强度的影响不显著，则难以保证在相同载荷水平下，4个不同比例缺口试件的均值寿命会严格单调变化。若仅要求3个比例的缺口试件满足上述递减规律，则可发现每个载荷级至少有一组缺口试件的疲劳数据符合。具体来说，在120 MPa下，50%-75%-100%和50%-75%-150%的组合符合；在135 MPa下，75%-100%-150%的组合符合；在150 MPa和165 MPa下，50%-75%-150%和50%-100%-150%的组合均符合；在180 MPa下，50%-100%-150%的组合符合。另从表2-9可知，不同载荷下，随着缺口试件尺寸之差的增大，

其平均寿命满足随比例增大而减小这一规律的概率也随之增大。比例相邻时，67%满足该规律；而比例相差2至3个级别时，满足该规律者达80%。据此，可从统计上判定存在尺寸效应。

图2-13按疲劳寿命分数展示了室温下不同比例Al 7075-T6511板状缺口试件在不同载荷级下的位移范围变化规律。由图2-13可知，对于50%、75%、100%和150%四种比例的缺口试件，从位移范围变化看，达到总寿命的90%之前，在循环载荷作用下结构整体上力学响应基本可保持稳态。

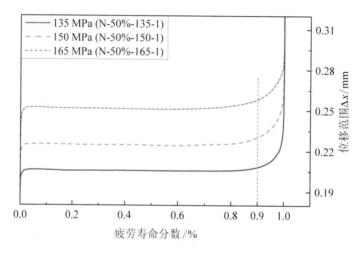

（a）50% Al 7075-T6511板状缺口试件

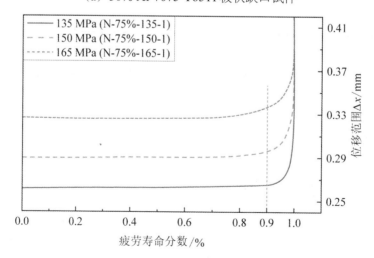

（b）75% Al 7075-T6511板状缺口试件

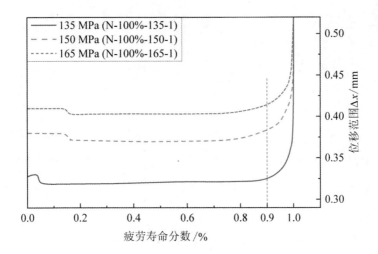

（c）100% Al 7075-T6511 板状缺口试件

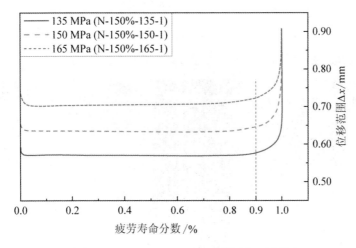

（d）150% Al 7075-T6511 板状缺口试件

图2-13　室温下不同比例Al 7075-T6511板状缺口试件在不同载荷级下的位移范围
变化规律图

2.4.2 断面分析

为寻找尺寸效应影响缺口结构疲劳失效进程的微观证据，分别从不同比例 Al 7075-T6511 板状缺口试件中随机挑选了承受 120 MPa 和 165 MPa 名义应力载荷下试件各一根。清洁试件表面后，用扫描电镜进行断面观测，结果如图 2-14 所示。

图 2-14 中用箭头标注了裂纹源。由图可知，随着试件比例的增大，断面上的裂纹源逐渐由单个变为两个。在统计裂纹源数量和位置的基础上，进一步统计分析了疲劳辉纹信息。韧性金属断面上产生疲劳辉纹的机理是裂纹连续钝化和再锐化。本小节选取 N-50%-120-1 和 N-50%-165-1 两个缺口试件的断面为例作微结构展示（图 2-15 和图 2-16）。

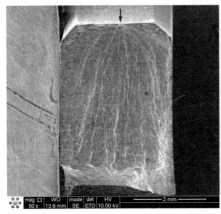 

（a）N-50%-120-1 　　　　　　　　　（b）N-75%-120-6

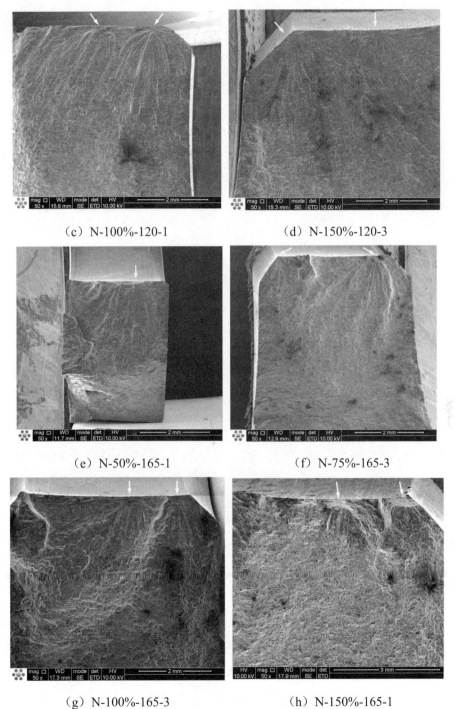

（c）N-100%-120-1　　　　　　　　（d）N-150%-120-3

（e）N-50%-165-1　　　　　　　　　（f）N-75%-165-3

（g）N-100%-165-3　　　　　　　　（h）N-150%-165-1

图2-14　不同比例Al 7075-T6511板状缺口试件断面

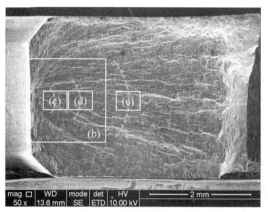

（a）全局视图　　　　　　　　　　　　　（b）局部视图

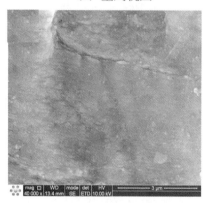

（c）疲劳辉纹（距裂纹源500 μm）　　（d）疲劳辉纹（距裂纹源1 000 μm）

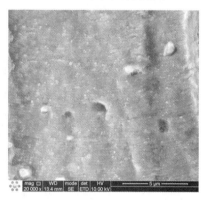

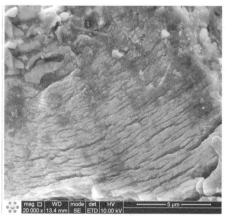

（e）疲劳辉纹（距裂纹源2 000 μm）

图2-15　N-50%-120-1缺口试件断面（N_f=85 379）

（a）全局视图

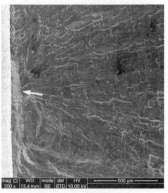
（b）局部视图

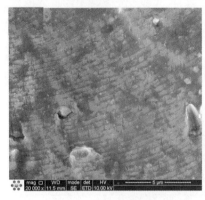
（c）疲劳辉纹（距裂纹源500 μm）

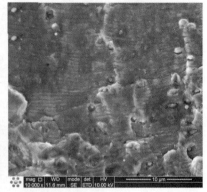
（d）疲劳辉纹（距裂纹源1 000 μm）

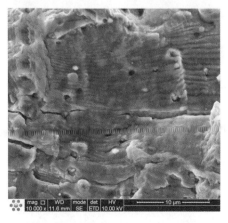
（e）疲劳辉纹（距裂纹源2 000 μm）

图2-16　N-50%-165-1缺口试件断面（N_f =14 542）

表2-10统计了在120 MPa和165 MPa两个载荷级下，不同比例缺口试件在距裂纹源500、1 000和2 000 μm处的平均辉纹间距。在两个载荷级下，总体呈现出辉纹间距随缺口试件比例增大的趋势，显示疲劳损伤演化进程不断加速，为尺寸效应影响缺口件应力分布进而影响其疲劳强度的微观证据。

表2-10 两个载荷级下不同比例缺口试件平均辉纹间距统计

单位：μm

试件编号	裂纹源	500 μm 处	1 000 μm 处	2 000 μm 处
N-50%-120-1	单	0.137 94	0.197 14	0.270 03
N-75%-120-6	单	0.148 48	0.223 96	0.331 56
N-100%-120-1	双	0.294 54	0.362 27	0.750 00
N-150%-120-3	双	0.229 12	0.520 88	0.885 38
N-50%-165-1	单	0.404 38	0.521 60	0.631 07
N-75%-165-3	双	0.240 52	0.457 50	0.874 87
N-100%-165-3	双	0.386 16	0.615 61	0.692 11
N-150%-165-1	双	0.484 02	0.713 88	1.087 93

2.5 本章小结

针对尺寸效应下缺口结构疲劳寿命预测需求，本章设计并开展了航空用Al 7075-T6511合金光滑件及不同比例缺口件的疲劳试验，以研究尺寸效应对缺口结构疲劳失效进程的影响机理，并为后续模型验证提供数据支撑，相关结论如下。

①试验获取了室温下Al 7075-T6511合金的力学和疲劳性能参数，用Chaboche模型本构建模并标定了相关参数。在光滑件疲劳试验所含8个应

变幅值下，试验和仿真迟滞回线均呈现出较好的一致性。

②室温环境，在低载荷下，Al 7075-T6511合金试件呈渐进式疲劳失效；随着载荷增大，失效过程含渐进式疲劳损伤和末期脆性断裂两种特征；当载荷继续增大至一定水平时，未找到疲劳辉纹，断面呈明显的脆性断裂特征。

③开展了不同尺寸板状Al 7075-T6511合金缺口件疲劳试验，统计上判定存在尺寸效应。断面分析发现了辉纹间距随缺口试件比例增大的总体趋势，获取了尺寸效应影响缺口件应力分布进而影响其疲劳损伤演化进程的微观证据。

第三章

平均应力下缺口结构疲劳试验研究

3.1 引言

  工程中，部分机械结构服役于对称循环载荷下，同样有部分机械结构在非对称载荷下工作。以航空飞行器为例，其飞行过程中一般包括滑行—起飞—爬升—巡航—下降—着陆—滑行等状态。在此过程中，包括发动机转子件在内的部分关键部件须承受显著非对称疲劳载荷，应力比甚至可达 0.85[167]。涡轮盘作为发动机的关键部件之一，其疲劳失效行为受到平均应力的影响。考虑到结构疲劳失效往往始于局部应力集中显著、应力水平较高的缺口部位，建立平均应力下缺口结构疲劳寿命预测方法极为关键。据此，本章设计并开展了不同应力比下盘用 GH4169 合金缺口件疲劳试验，以研究平均应力效应对缺口结构疲劳失效行为的影响。

3.2 试验材料及材料参数

本章疲劳试验研究所用材料为抚顺特殊钢股份有限公司生产的GH4169镍基高温合金，国外相近牌号包括美国的 UNS N07718（又称 Inconel 718）、法国的NC19FeNb以及德国的W.Nr.2.4668。GH4169是以体心四方的γ''和面心立方的γ'相沉淀硬化的镍基析出强化高温合金，其在−253～700 ℃温度范围内具有良好的综合性能，650 ℃以下屈服强度居变形高温合金首位，并具有良好的抗疲劳、抗辐射、抗氧化、耐腐蚀性能，以及良好的加工性能、焊接性能和长期组织稳定性。

GH4169合金的应用范围涉及航空发动机涡轮盘、叶片、耐高温紧固件，石油工业中的油气井及油气管道，以及核反应堆结构部件等。上述构件长期在高温及交变载荷下工作，由此造成的高温疲劳损伤是缩短其使用寿命的重要因素[202]。本章平均应力下缺口结构疲劳试验研究拟用于建立疲劳寿命模型，并用于某型号航空发动机高压涡轮盘疲劳寿命预测，故试验温度按其服役环境设为650 ℃。

材料热处理工艺为：在（960±10）℃保持1 h后空冷至室温，然后加热至（720±5）℃并保持8 h，接着以50 ℃/h温度下降率炉冷至（620±5）℃并保持8 h，最后空冷至室温[202-204]。经材料成分检测，其化学成分质量分数见表3-1所列，合金中Nb元素含量相对较高，达到5%以上。GH4169合金微结构金相如图3-1所示。

表3-1　GH4169合金化学成分质量分数[205]

单位：%

Al	C	Cr	Fe	Mo	Nb	Ni	Si	Ti
0.44	0.82	19.55	18.92	2.74	5.19	51	0.18	1.16

图3-1　GH4169合金微结构金相

为测定 GH4169 合金的力学性能，依据 ASTM E21-20 "Standard Test Methods for Elevated Temperature Tension Tests of Metallic Materials"[206]设计并加工了棒状轴向拉伸光滑试件，其形状和几何尺寸如图3-2（a）所示。单轴拉伸试验在650 ℃恒温下进行，按文献[206]温度变化严格控制在±3 ℃内。单轴拉伸试验过程通过应变控制，应变率保持为0.5% mm/mm/min，直至拉至10% mm/mm停止。应变用MTS 632.54F-14高温轴向引伸计测量，其标距段长度为12 mm，行程范围为–10%～20% mm/mm。应变控光滑疲劳试件参照 ASTM E606/E606M-12 "Standard Test Method for Strain-Controlled Fatigue Testing"[199]设计［图3-2(b)］，试验过程中温度变化严格控制在±2 ℃内。650 ℃下GH4169合金单轴拉伸应力–应变关系如图3-3所示，其弹性模量为182 GPa，其他参数见表3-2所列。650℃下GH4169合金光滑件应变控疲劳试验数据见表3-3所列。

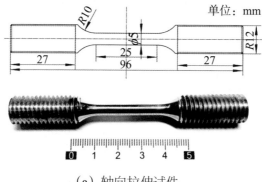

（a）轴向拉伸试件

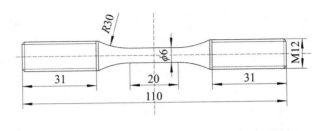

（b）应变控光滑疲劳试件

图 3-2　GH4169 合金试件

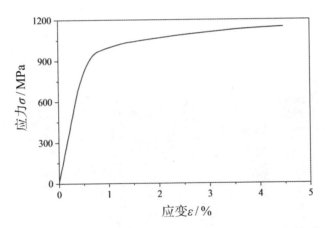

图 3-3　650 ℃下 GH4169 合金单轴拉伸应力–应变关系

表 3-2　650 ℃下 GH4169 合金力学[207]和疲劳[208]参数

E /GPa	$\sigma_{0.2}$ /MPa	σ_{b} /MPa	v_{e}	v_{p}	σ'_{f} /MPa
182	1 000	1 150	0.325	0.5	1 476
b	ε'_{f}	c	K' /MPa	n'	
−0.090	0.108	−0.580	1 950	0.150	

表3-3　650 ℃下GH4169合金光滑件应变控疲劳试验数据[208]

No.	ε_a /%	$\varepsilon_{a,e}$ /%	$\varepsilon_{a,p}$ /%	σ_a /MPa	N_f /cycle
1	4.065	0.690	3.375	1 203	3
2	2.915	0.645	2.270	1 126	10
3	1.395	0.540	0.855	946	41
4	1.075	0.580	0.495	1 015	79
5	0.895	0.475	0.420	829	120
6	0.795	0.465	0.330	811	237
7	0.648	0.443	0.205	775	610
8	0.503	0.408	0.095	709	1 291
9	0.434	0.380	0.054	667	4 243

　　GH4169合金在不同总应变范围下均呈现出明显的循环软化行为；合金试件的疲劳断面呈多裂纹源特征，且这些裂纹的数量随总应变范围的减小和疲劳寿命的延长而减少（图3-4）。疲劳裂纹均萌生于自由表面，起始阶段为穿晶扩展，待其沿径向生长至一定深度时，会出现沿晶扩展特征[202]。疲劳源区的范围尺寸特别小，当裂纹从疲劳源区进入裂纹扩展区后，会出现疲劳断面最重要的特征——辉纹。

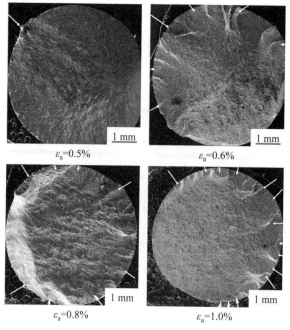

ε_a=0.5%　　　　　　ε_a=0.6%

ε_a=0.8%　　　　　　ε_a=1.0%

图3-4　650 ℃下GH4169合金光滑件不同应变范围对应断面形貌和裂纹源[202]

在扫描电镜下观察到疲劳辉纹的形态为一系列互相平行的条纹，并与裂纹扩展方向垂直。在循环交互载荷作用下，疲劳辉纹不断向前扩展，导致试件有效承载面积不断变小，最终待载荷水平超过试件承载极限时发生断裂[202]。

依据 GH4169 合金材料试验数据确定的 Chaboche 非线性随动硬化本构参数见表 3-4 所列。其中，γ_3 参照 Koo 和 Kwon 确定本构参数的做法取 1[200]。经与实测循环应力–应变响应对比，试验与仿真迟滞回线呈现出较好一致性。

表3-4　650 ℃下 GH4169 合金 Chaboche 本构模型参数

σ_0 /MPa	C_1 /MPa	γ_1	C_2 /MPa	γ_2	C_3 /MPa	γ_3
623.56	55 584	301.55	13 792	69.14	5 044	1

3.3　棒状 C 型缺口件疲劳试验

GH4169 合金棒状 C 型缺口疲劳试件的形状和几何尺寸如图 3-5 所示。经有限元分析，该试件的弹性应力集中系数 K_t 约为 1.8（具体值为 1.773）。缺口件疲劳试验采用轴向应力控制，应力比 $R_\sigma = -1$，加载波形为三角波，加载频率为 3 Hz，试验持续进行至试件断成两截，此时对应的循环周次记录为试件的疲劳寿命。试验时，将试件中部置于 MTS 653 型高温炉中部，试件的两端各布设一根 K 型热电偶以监测温度。根据 GB/T 15248—2008《金属材料轴向等幅低循环疲劳试验方法》[209]对试验环境的规定，高温试验时，试件工作部分的温度波动严格控制在±2 ℃内。

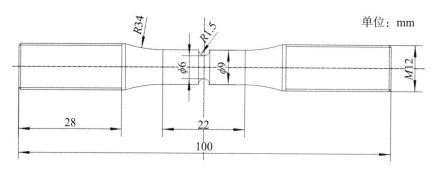

图3-5　GH4169合金棒状C型缺口疲劳试件的形状和几何尺寸

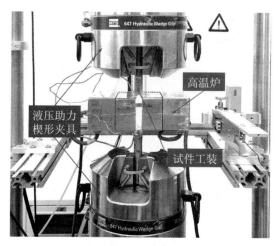

图3-6　力控模式下缺口件高温疲劳试验运行状态

为避免热电偶实测温度受碳化硅加热元件辐照影响，而导致试验温度与预设值不一致，试验时采用氧化铝隔热纤维对试件中部进行包裹。待上下两根热电偶的温度均稳定在（650±2）℃后，继续保温30 min以保证试件整体温度一致，随后再进行疲劳试验。力控模式下缺口件高温疲劳试验运行状态如图3-6所示。试件通过定制工装（配试件两端M12螺纹）与MTS 647型全温度液压助力楔形夹具相连接。GH4169合金C型缺口件应力控疲劳试验数据见表3-5所列。

图3-7给出了C型缺口件及将在3.4节给出的同为对称应力加载下的V型缺口件疲劳试验数据，并据此分别拟合了S-N曲线。其中，S-N曲线沿用《中国航空材料手册》所推荐的3参数表达式[12]，相应参数已在图中给出。

表3-5　GH4169合金C型缺口件疲劳试验数据

No.	S_{max} /MPa	N_f /周	No.	S_{max} /MPa	N_f /周
1	600	4 771	9	540	4 730
2	600	4 700	10	540	4 315
3	580	5 314	11	540	14 038
4	580	7 982	12	540	10 751
5	580	5 652	13	520	36 637
6	560	6 226	14	520	14 097
7	560	7 348	15	520	29 775
8	560	12 715			

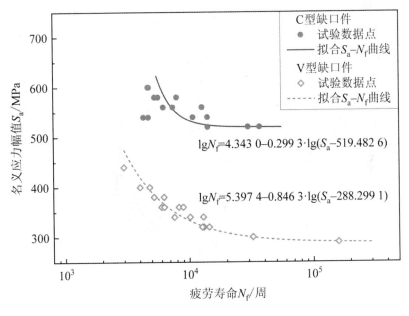

图3-7　650 ℃对称应力加载下GH4169合金C型和V型缺口件S-N曲线

断面观测采用基恩士（KEYENCE）VHX-1000C型数码显微系统。其照相单元为VHX-1020，配备的VH-Z100R型镜头可实现100至1 000倍变焦。为确保显微观测时试件断面洁净，试件均用超声波清洗机清洗，清洗剂为丙酮溶液。520、560和600 MPa名义应力对称加载下棒状C型缺口件的断面形貌如图3-8所示。

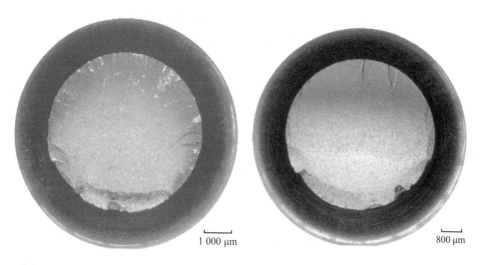

（a）No.2，S_{max} =600 MPa，N_f =4 700　　（b）No.7，S_{max} =560 MPa，N_f =7 348

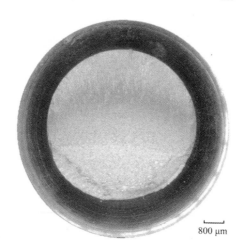

（c）No.15，S_{max} =520 MPa，N_f =29 775

图3-8　520、560和600 MPa名义应力对称加载下棒状C型缺口件的断面

由图3-8可知，在520、560及600 MPa三个载荷水平下，GH4169合金C型缺口件失效模式均为多裂纹萌生，明显可见由萌生自不同平面（位置）多源裂纹扩展、融合所形成的棘轮花样（台阶）。棘轮花样数量是裂纹萌生源数量的一个很好的指标。由于缺口特征所致应力集中，根部应力水平偏高。在高应力作用下，若材料晶粒中易滑移平面的方位与最大切应力

方向一致，则极易发生滑移。在循环载荷作用下，表面形成的滑移带会造成材料的"侵入（凹入）"和"挤出"，进一步形成应力集中从而产生微裂纹[168]。由于裂纹原数量众多，故未对棘轮花样进行标注。

图3-9呈现了520、560和600 MPa对称平均应力加载下C型缺口件位移范围变化规律，为方便对比在此基础上增加了疲劳寿命分数形式。

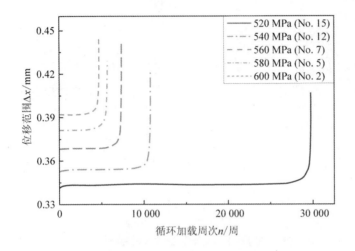

（a）按循环加载周次展示

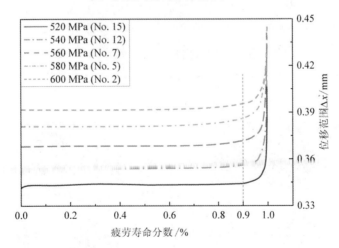

（b）按疲劳寿命分数展示

图3-9　不同载荷级下GH4169合金C型缺口件位移范围变化规律图

由图3-9中位移范围变化规律可知，不同载荷级下，在达到总寿命的90%之前，在循环载荷作用下结构整体上力学响应基本可保持稳态。

3.4 平均应力下棒状V型缺口件疲劳试验

GH4169合金棒状V型缺口疲劳试件的形状和几何尺寸如图3-10所示。经有限元分析，该试件的弹性应力集中系数 K_t 约为3.0（具体值为3.008）。

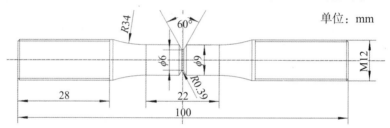

图3-10　GH4169合金棒状V型缺口疲劳试件的形状和几何尺寸

鉴于GH4169合金V型缺口疲劳试件缺口根部位置加工精度要求相对较高，其加工过程分为两步：首先车削出轮廓（径向预留0.2 mm余量），而后精细研磨至设计尺寸。每根试件均使用光学显微镜自带的绘图工具分别绘制直线和圆，并检查缺口尺寸（包括夹角和根部半径）是否合规。图3-11为GH4169合金V型缺口疲劳试件缺口根部尺寸检查。

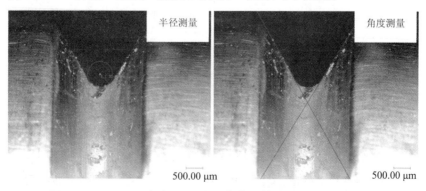

图3-11　GH4169合金V型缺口疲劳试件缺口根部尺寸检查

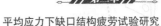

　　车削和研磨所致预应力会在高温环境下迅速释放。缺口件疲劳试验采用轴向应力控制，形式为频率为 3 Hz 的三角波，试验持续进行至试件断成两截，此时对应的循环周次记录为试件的疲劳寿命。GH4169 合金 V 型缺口件在不同应力比（含 -1、0.1 和 0.5 共 3 个应力比）下的疲劳试验数据见表 3-6 所列。

表 3-6　650 ℃应力加载下 GH4169 合金 V 型缺口疲劳试验数据

No.	R_σ	S_{max} /MPa	N_f /周	No.	R_σ	S_{max} /MPa	N_f /周
1	-1	440	2 982	21	0.1	690	3 710
2	-1	400	4 823	22	0.1	670	4 361
3	-1	400	4 026	23	0.1	670	3 436
4	-1	380	5 222	24	0.1	670	29 298
5	-1	380	6 269	25	0.1	650	4 159
6	-1	360	8 276	26	0.1	650	4 840
7	-1	360	8 949	27	0.1	650	2 875
8	-1	360	5 995	28	0.1	650	6 868
9	-1	360	6 303	29	0.1	630	3 712
10	-1	340	10 136	30	0.1	630	37 367
11	-1	340	12 932	31	0.1	630	18 624
12	-1	340	7 613	32	0.1	630	9 535
13	-1	320	14 376	33	0.1	610	11 729
14	-1	320	13 040	34	0.1	610	9 811
15	-1	320	12 672	35	0.1	610	8 331
16	-1	300	32 285	36	0.5	1 130	4 541
17	-1	290	158 735	37	0.5	1 130	5 068
18	0.1	710	2 719	38	0.5	1 090	5 802
19	0.1	710	3 640	39	0.5	1 090	5 538
20	0.1	690	3 141	40	0.5	1 090	5 754

No.	R_σ	S_{max} /MPa	N_f /周	No.	R_σ	S_{max} /MPa	N_f /周
41	0.5	1 050	4 137	47	0.5	1 020	41 731
42	0.5	1 050	3 956	48	0.5	1 020	22 407
43	0.5	1 050	9 119	49	0.5	990	39 795
44	0.5	1 020	64 478	50	0.5	990	115 305
45	0.5	1 020	8 511	51	0.5	990	87 209
46	0.5	1 020	4 474				

图3-12展示和对比了不同应力比下GH4169合金V型缺口件最大载荷-寿命数据。由图3-12可知，随着应力比增大，相同疲劳寿命下所能承受的最大载荷也随之增大。三个应力比下拟合的S_{max} - N_f方程表达式分别为

$$\lg N_f = 5.397\,4 - 0.846\,3 \lg(S_{max} - 288.299\,1), \qquad R_\sigma = -1 \qquad (3\text{-}1)$$

$$\lg N_f = 5.127\,4 - 0.78\,78 \lg(S_{max} - 582.838\,1), \qquad R_\sigma = 0.1 \qquad (3\text{-}2)$$

$$\lg N_f = 5.110\,1 - 0.697\,2 \lg(S_{max} - 987.240\,9), \qquad R_\sigma = 0.5 \qquad (3\text{-}3)$$

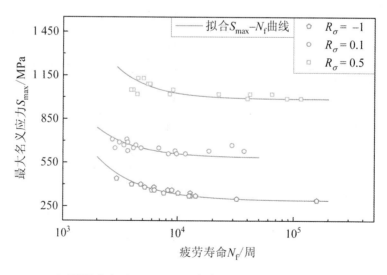

图3-12 650 ℃不同应力比下GH4169合金V型缺口件最大载荷-寿命关系图

图3-13以疲劳寿命分数为横轴绘制了650 ℃不同应力比下GH4169合金V型缺口件不同载荷级下位移范围变化规律图。

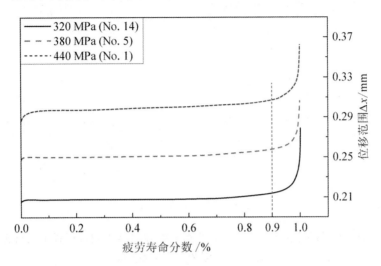

（a）应力比 $R_\sigma = -1$

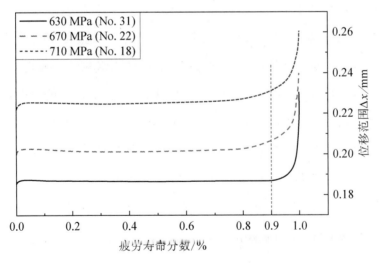

（b）应力比 $R_\sigma = 0.1$

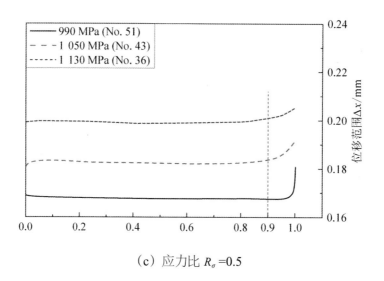

（c）应力比 R_σ =0.5

图3-13   650 ℃不同应力比下GH4169合金V型缺口件不同载荷级下位移范围变化规律图（按疲劳寿命分数展示）

由图3-13中位移范围变化规律可知，在不同载荷级和不同应力比下，GH4169合金V型缺口件在加载至总寿命90%之前，循环载荷作用下结构整体上力学响应基本可保持稳态，这与C型缺口件的监测结果相似。

图3-14给出了对称载荷下（R_σ =-1）棒状V型缺口件的断面。断面分析结果显示，在三种应力比（R_σ =-1、0.1 和 0.5）、不同载荷水平下，GH4169合金V型缺口件疲劳失效均呈多裂纹源特征，明显可见由萌生自不同平面（位置）多源裂纹扩展、融合所形成的棘轮花样（台阶）。疲劳裂纹源环绕缺口根部整周，这是由于缺口根部平均应力水平较高，导致周向多位置位错发生滑移。

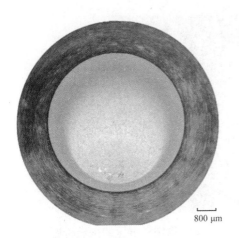
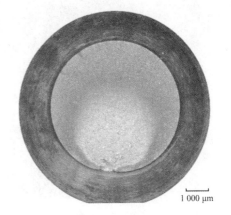

（a）No.1，$R_\sigma = -1$，$S_{max} = 440$ MPa，
$N_f = 2\ 982$

（b）No.14，$R_\sigma = -1$，$S_{max} = 320$ MPa，
$N_f = 13\ 040$

图3-14　GH4169合金棒状V型缺口件断面

　　为分析GH4169合金V型缺口件的断面特征，用扫描电镜观测了No.10试件裂纹萌生区和稳定扩展区的微结构，并得到了相应的微结构图（图3-15和图3-16）。在图3-15中，可见萌生自不同平面（位置）的多源裂纹扩展、融合所形成的棘轮花样（台阶）；而在图3-16中，可见有序排列的疲劳辉纹。

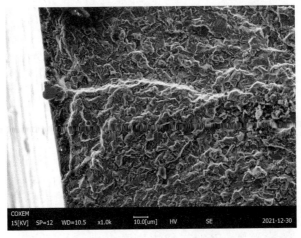

图3-15　GH4169合金V型缺口件No.10裂纹萌生区的微结构图

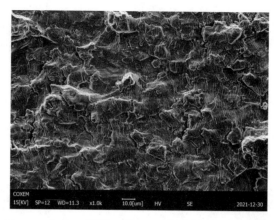

图3-16   GH4169合金V型缺口件No.10裂纹稳定扩展区的微结构图

3.5 棒状V型缺口件疲劳试验数据分析

鉴于苏运来等[167]在使用改进的Walker模型预测不同应力集中系数（K_t 均分别为1、3、5）的TC4钛合金和30CrMnSiNi2A钢两种材料试件的疲劳寿命时显示出的良好效果，本节对1.2.3节中介绍的Walker方程和改进的Walker方程在关联不同应力比下的载荷－寿命关系的有效性进行对比。由于Walker模型和改进的Walker模型中均须用到峰值应力 σ_{max}，而该数据无法直接通过试验测得，故采用有限元仿真（所用材料参数见表3-4所列）计算了不同载荷下的峰值应力（表3-7）。

据此，用文献[171]和[210]建议的流程分别拟合了对应材料参数，并绘制了载荷－寿命关系图。图3-17和图3-18分别为基于Walker模型的650 ℃不同应力比下GH4169合金V型缺口件载荷－寿命关系图以及Walker应力－寿命关系图。苏运来[210]在采用Walker应力－寿命模型对TC11钛合金、35Cr2Ni4MoA高强度钢、FGH95粉末高温合金，以及GH4169高温合金等四种航空发动机常用的金属材料在不同应力比下的疲劳寿命进行评估时发现，Walker模型在应力比较小时（R_σ接近于-1时）的预估精度较高，但随着应力比增大（R_σ逐渐接近1时），疲劳寿命的预估精度逐渐降低。这一趋势在图3-17和图3-18中均有体现。

表3-7　GH4169合金V型缺口件根部最大应力计算结果

单位：MPa

No.	S_{max}	σ_{max}	No.	S_{max}	σ_{max}	No.	S_{max}	σ_{max}
1	440	924.61	18	710	1 112.08	35	610	1 054.31
2	400	886.67	19	710	1 112.08	36	1 130	1 372.05
3	400	886.67	20	690	1 101.28	37	1 130	1 372.05
4	380	866.53	21	690	1 101.28	38	1 090	1 344.56
5	380	866.53	22	670	1 090.19	39	1 090	1 344.56
6	360	845.71	23	670	1 090.19	40	1 090	1 344.56
7	360	845.71	24	670	1 090.19	41	1 050	1 317.27
8	360	845.71	25	650	1 078.66	42	1 050	1 317.27
9	360	845.71	26	650	1 078.66	43	1 050	1 317.27
10	340	824.37	27	650	1 078.66	44	1 020	1 295.57
11	340	824.37	28	650	1 078.66	45	1 020	1 295.57
12	340	824.37	29	630	1 066.74	46	1 020	1 295.57
13	320	802.16	30	630	1 066.74	47	1 020	1 295.57
14	320	802.16	31	630	1 066.74	48	1 020	1 295.57
15	320	802.16	32	630	1 066.74	49	990	1 275.38
16	300	779.45	33	610	1 054.31	50	990	1 275.38
17	290	768.12	34	610	1 054.31	51	990	1 275.38

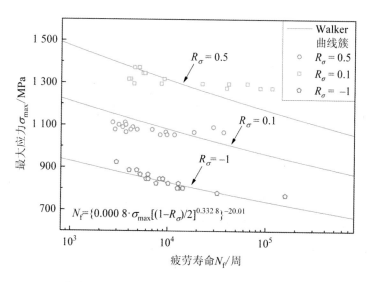

图3-17 650 ℃不同应力比下GH4169合金V型缺口件载荷-寿命关系图（Walker模型）

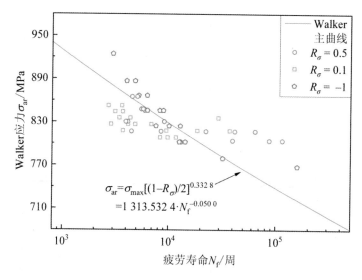

图3-18 650 ℃不同应力比下GH4169合金V型缺口件Walker应力-寿命关系图

鉴于苏运来等[167]在用所提改进的**Walker**应力-寿命模型关联不同类型缺口试件（弹性应力集中系数 K_t 均分别为1、3和5）的载荷-寿命时取得的良好效果，本节也尝试用该模型关联650 ℃不同应力比下GH4169合金V型缺口件的载荷-寿命关系，结果如图3-19和图3-20所示。

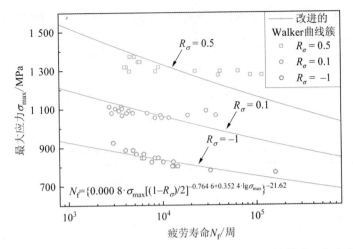

图3-19 650 ℃不同应力比下 GH4169 合金 V 型缺口件载荷−寿命关系图
（改进 Walker 模型）

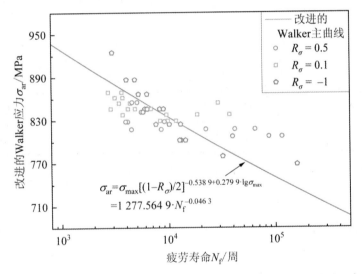

图3-20 650 ℃不同应力比下 GH4169 合金 V 型缺口件改进 Walker 应力−寿命关系图

然而，据图3-19和图3-20，对本章650 ℃不同应力比下 GH4169 合金 V 型缺口件疲劳试验数据而言，Walker 和改进的 Walker 应力−寿命模型在关联载荷−寿命时，直观上效果无明显差异。据此，为更好地比较 Walker 和改进 Walker 模型的预测效果，引入如下误差公式：

$$\text{error} = \lg N_{\text{f,p}} - \lg N_{\text{f,t}} \tag{3-4}$$

式中，$N_{\text{f,p}}$ 为预测寿命；$N_{\text{f,t}}$ 为试验寿命。

最终，可得表3-8所示对比结果，含单一应力比及整体预测结果。由表3-8可知，任意应力比下，相较 Walker 应力-寿命模型，多一个拟合参数的改进 Walker 模型预测误差均值向0靠拢，但标准差稍有增大。总体上，改进的 Walker 模型较 Walker 模型预测均值更接近0且标准差稍小，但改善并不显著。

表3-8　两种应力-寿命模型寿命预测误差对比

应力比 R_σ	项目	Walker 模型	改进 Walker 模型
−1	均值	−0.070 1	−0.015 5
	标准差	0.199 6	0.213 9
0.1	均值	0.195 5	0.044 8
	标准差	0.289 8	0.290 7
0.5	均值	−0.105 9	−0.022 4
	标准差	0.382 9	0.397 6
所有	均值	0.012 4	0.003 6
	标准差	0.327 7	0.309 2

3.6　本章小结

针对平均应力下缺口结构疲劳寿命预测需求，本章设计并开展了650 ℃下盘用 GH4169 合金缺口件在不同应力比下的疲劳试验，以研究平均应力效应对缺口结构疲劳失效行为的影响，并为后续模型验证提供数据支撑，相关结论如下。

①GH4169 合金 C 型和 V 型缺口件疲劳失效均呈多裂纹萌生特征，明显

可见由萌生自不同平面的多源裂纹扩展、融合所形成的棘轮花样。

②在不同载荷水平下，GH4169合金C型和V型缺口件在加载至总寿命90%之前，循环载荷作用下结构整体上力学响应基本可保持稳态。

③Walker和改进Walker应力–寿命模型均未能有效描述不同应力比下GH4169合金V型缺口件的载荷–寿命关系，有待发展更高精度的寿命预测模型以兼顾缺口效应和平均应力效应对疲劳损伤演化的影响。

第四章

基于能量场强法的缺口结构疲劳寿命预测

4.1 引言

在诸多疲劳寿命预测模型中，基于能量参量的模型因其兼顾应力-应变响应，且可统一微观损伤现象和宏观试验数据的独有优势而备受推崇。为规范能量-寿命模型，本章提出了一种通用总应变能密度-寿命方程以及确定四个基于能量的疲劳参数的标准流程。据此，通过耦合该方程和有效损伤区的概念，并引入权函数来量化区分有效损伤区内不同材料单元劣化对整体损伤演化的贡献，提出了一种适用于缺口件多轴疲劳分析的能量场强法。最后，引入有效损伤区概念来修正尺寸效应的影响，并结合光滑件疲劳试验数据的分散特征，建立了一种基于能量场强法的缺口结构概率疲劳寿命模型。该模型的预测结果与试验数据一致性良好。

4.2 能量场强法

能量场强法于 2019 年被提出[211]，它借鉴应力场强法[85]和应力–应变场强法[90]，并引入了在多轴疲劳建模中效果显著的能量损伤参量，从而建立了能量场强–寿命方程。与仅关注缺口根部危险点循环响应的局部应力–应变法不同，能量场强法认为缺口疲劳失效是有效损伤区内材料单元共同劣化的结果。因此，在计算疲劳寿命时，必须考虑有效损伤区整体的循环响应。经比例/非比例多轴载荷下 GH4169 和 Al 7050-T7451 合金缺口件疲劳试验数据验证[211]，能量场强法展现出较高的寿命预测精度。

图 4-1 为能量场强法示意图。在图 4-1 中，O 为具有最大总应变能密度 $\Delta W_{\max}^t$ 的危险点，也是有效损伤区划界的基准点，在用能量场强法进行缺口结构疲劳强度分析时需率先确定。$\vec{r}_W$ 为有效损伤区内总应变能密度下降最快的方向，$\vec{r}$ 为由危险点出发的任意路径，θ 为 $\vec{r}$ 与 $\vec{r}_W$ 的夹角。Ω_W 为有效损伤区的边界，其确定方法将在 4.2.1 节中介绍。

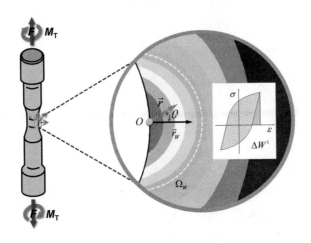

图 4-1　能量场强法示意图

$\boxed{4.2.1}$ 基本概念

能量场强法包含三个基本元素，即能量-寿命方程、有效损伤区和权函数[211]。其中，能量-寿命方程最初是由Ellyin所提总应变能密度-寿命模型改进而来的。近年来，业界陆续提出了各种耦合能量和临界平面的多轴疲劳寿命预测模型，其较Ellyin模型及其改进型具有更高的预测精度。但是，由于能量场强法涉及能量场运算，采用需要进行临界面搜索的临界平面法无疑会带来巨大计算量。据此，在建立能量场强法时，选用了计算效率更高的总应变能密度-寿命模型。Ellyin定义的总应变能密度 ΔW^{t} 包括塑性应变能密度 ΔW^{p} 和正弹性应变能密度 ΔW^{e+} 两部分，三者之间的关系如下：

$$\Delta W^{t} = \Delta W^{p} + \Delta W^{e+} \tag{4-1}$$

$$\Delta W^{p} = \int_{\text{cycle}} \sigma_{ij} \mathrm{d}\varepsilon_{ij}^{p} \, (i,j=1,2,3) \tag{4-2}$$

$$\Delta W^{e+} = \int_{\text{cycle}} H(\sigma_{i}) H(\mathrm{d}\varepsilon_{i}^{e}) \sigma_{i} \mathrm{d}\varepsilon_{i}^{e} \, (i=1,2,3)$$

$$\text{s.t.} \begin{cases} H(x) = 1, & x \geqslant 0 \\ H(x) = 0, & x < 0 \end{cases} \tag{4-3}$$

式（4-3）中，$H(x)$ 为Heaviside函数。

单轴加载情形下，可建立如下总应变能密度-寿命方程[212]：

$$\Delta W^{t} = \kappa_{u}(2N_{f})^{\alpha} + C_{u} \tag{4-4}$$

式中，$\kappa_{u}(>0)$ 和 $\alpha(<0)$ 分别为单轴应力状态下的能量系数和寿命指数，这两个常数可基于对称加载下光滑件单轴疲劳试验数据拟合得到；常数 C_{u}（$\geqslant 0$）为不会导致可觉损伤的应变能密度，其与材料疲劳极限 σ_{-1} 相关，近似等于材料疲劳极限处的正弹性应变能密度[213-214]：

$$C_u = \left(\Delta W^t\right)_{\text{fatigue limit}} = \left(\Delta W^p + \Delta W^{e+}\right)_{\text{fatigue limit}} \approx \frac{(\sigma_{-1})^2}{2E} \tag{4-5}$$

在多轴载荷下，由于施加在平行于自由表面层的约束会影响裂纹形成和扩展[214]，须引入多轴约束因子 $\bar{\rho}$ 修正模型：

$$\frac{\Delta W^p}{\bar{\rho}} + \Delta W^{e+} = \kappa_u\left(2N_f\right)^\alpha + C_u \tag{4-6}$$

在文献[214]中有关于 $\bar{\rho}$ 计算步骤的详细介绍（包括拉压、扭转及多轴拉扭等情形）。然而，$\bar{\rho}$ 的计算方式依旧相对复杂，同样会影响全场应变能密度计算效率。据此，前期对式（4-6）做了如下简化改进[211]：

$$\Delta W^t = \Delta W_a^t + \Delta W_s^t = p\left(2N_f\right)^q \tag{4-7}$$

式中，总应变能包括轴向总应变能密度 ΔW_a^t 和剪切总应变能密度 ΔW_s^t，它们又由各自对应的塑性应变能密度（分别为 ΔW_a^p 和 ΔW_s^p）和正弹性应变能密度（分别为 ΔW_a^{e+} 和 ΔW_s^{e+}）组成；p 和 q 为基于对称载荷下光滑件多轴疲劳试验数据拟合所得材料常数，参考Ellyin模型可分别命名为多轴应力状态下的能量系数和寿命指数。前期，经TC4和GH4169合金光滑件多轴疲劳试验数据验证，其较6种选做参照的常用多轴疲劳寿命模型具有相当或更好的预测效果[98]。

随着缺口疲劳研究不断深入，业界越来越认可有效损伤区概念，但由于不同方法所选用疲劳损伤参量（疲劳指示因子）的差异，其边界划定一直未有公认法则。围绕该问题，学者们做了大量工作。在应力场强法中，姚卫星[115]建议直接基于试验数据反推来确定有效损伤区边界，但该过程需耗费大量试验和计算成本。在有效应力法中，Qylafku等[89]则基于由应力分布变换得到的相对应力梯度来确定有效损伤区边界，这将会在本书第五章进行介绍。该方法计算相对简便，但鉴于不同载荷水平下应力分布特征各异，其普适性仍有待进一步论证。朱顺鹏等[95]参考临界距离理论中临界距离和寿命的关系式，提出了有效损伤区半径和载荷及应力比的表达式。近期，吴炎来等[101]在改进应力场强法时也建立了有效损伤区边界和缺口深度与疲劳寿命的类似表达式。

然而，总体而言，上述方法或需开展大量疲劳试验以确定有效损伤区边界并掌握其规律，或需预先开展精细化弹塑性有限元分析，这两种做法均无法保障计算效率。参考Kuguel[132]和Sonsino[133]在分析缺口结构疲劳强度时以高应力体积为媒介所取得的良好效果，本方法拟基于总应变能密度分布划定高能量体积区域作为有效损伤区。高应力体积法中常用的分位数有Kuguel的95%[132]、Sonsino的90%[42]和Khoukhi等[215]的80%。鉴于总应变能密度比应力下降更快，能量场强法中将总应变能密度分位数定为50%。考虑到从危险点出发不同路径上总应变能密度分布各异，有效损伤区边界选为总应变能密度等高曲面上距离危险点 O 最近点与该点间的长度，从而保证有效损伤区的规则性，以便于能量场强计算。

权函数 $\varphi_W(\vec{r})$ 起到加权量化有效损伤区内不同材料单元劣化对结构整体损伤演化的作用。参照姚卫星提出的定义权函数的三项基本原则[85]：①权函数在由危险点向外放射出的任意路径上均应单调递减且取值范围为 $[0, 1]$；②有效损伤区内离危险点 O 越远的材料单元对结构整体疲劳损伤的贡献越小，从而其对应的权函数也越小［其中，$\varphi_W(0) \equiv 1$］；③对光滑试件而言，$\varphi_W(\vec{r}) \equiv 1$，即有效损伤区内，任意材料单元对结构整体疲劳损伤具有同等贡献。最后，参考缺口疲劳分析中前期提出的各类权函数[89, 95]，给出了如下基于总应变能密度的权函数定义：

$$\varphi_W(\vec{r}) = \varphi_W(r, \theta) = 1 - \chi_W r(1 + \sin\theta) \tag{4-8}$$

式中，r 为材料单元到危险点的距离，χ_W 为相对总应变能密度梯度。

χ_W 的表达式如下：

$$\chi_W = \frac{1}{\Delta W_{\max}^{t}} \cdot \frac{\partial \Delta W_{r,\theta}^{t}}{\partial r} \tag{4-9}$$

综上，可得如下能量场强 W_{FI} 表达式：

$$W_{FI} = \frac{1}{V_W} \int_{\Omega_W} \Delta W_{r,\theta}^{t} \left[1 - \frac{1}{\Delta W_{\max}^{t}} \cdot \frac{\partial \Delta W_{r,\theta}^{t}}{\partial r} r(1 + \sin\theta) \right] dv \tag{4-10}$$

式中，V_W 为有效损伤区的体积。

结合前述改进的总应变能密度–寿命方程，可得如下疲劳寿命预测模型：

$$\frac{1}{V_W}\int_{\Omega_W}\Delta W_{r,\theta}^{\mathrm{t}}\left[1-\frac{1}{\Delta W_{\max}^{\mathrm{t}}}\cdot\frac{\partial\Delta W_{r,\theta}^{\mathrm{t}}}{\partial r}r(1+\sin\theta)\right]\mathrm{d}v=p(2N_{\mathrm{f}})^q \qquad (4\text{-}11)$$

经比例/非比例多轴加载下 GH4169 和 Al 7050-T7451 合金缺口件疲劳试验数据验证[211]，能量场强法在缺口多轴疲劳寿命预测中具有较高精度。近期，Branco 等[99]和吴炎来等[216]也分别对其进行了案例应用和模型改进，这进一步显示了能量场强概念在缺口疲劳寿命预测中的较高有效性和准确性。

4.2.2 通用总应变能密度–寿命方程

如4.2.1节所述，虽然前期参考Ellyin所提总应变能密度–寿命方程给出了其改进型，且经TC4和GH4169合金光滑件比例/非比例多轴疲劳试验数据验证具有较高的预测精度，但是未能给出规范化的模型参数拟合方法。近期，基于Al 7075-T6511合金及某锻铁单轴疲劳试验实测迟滞回线，笔者参考MCB方程提出了一种含双幂函数项的通用总应变能密度–寿命方程[181]。轴向加载情形下的表达式如下：

$$\Delta W_{\mathrm{a}}^{\mathrm{t}}=\Delta W_{\mathrm{a}}^{\mathrm{e}+}+\Delta W_{\mathrm{a}}^{\mathrm{p}}=E'_{\mathrm{e}+,\mathrm{a}}(2N_{\mathrm{f}})^{b_{\mathrm{e}+,\mathrm{a}}}+E'_{\mathrm{p,a}}(2N_{\mathrm{f}})^{c_{\mathrm{p,a}}} \qquad (4\text{-}12)$$

式中，$\Delta W_{\mathrm{a}}^{\mathrm{t}}$ 为轴向加载下的总应变能密度；$\Delta W_{\mathrm{a}}^{\mathrm{e}+}$ 为轴向加载下的正弹性应变能密度；$\Delta W_{\mathrm{a}}^{\mathrm{p}}$ 为轴向加载下的塑性应变能密度。参考MCB方程和Ja-hed等[217]所提总应变能密度–寿命方程对参数的命名方式，$E'_{\mathrm{e}+,\mathrm{a}}$ 和 $b_{\mathrm{e}+,\mathrm{a}}$ 依次为基于能量的疲劳强度系数和指数，$E'_{\mathrm{p,a}}$ 和 $c_{\mathrm{p,a}}$ 依次为基于能量的疲劳延性系数和指数。上述物理量均含下标"a"，以示其与轴向加载情形对应。正如同MCB方程中总应变幅值包括塑性应变幅值和弹性应变幅值，且依次对应Basquin和Manson-Coffin方程：

$$\varepsilon_{a,e} = \frac{\sigma'_f}{E}(2N_f)^b \ \text{或} \ \sigma_a = \sigma'_f(2N_f)^b \tag{4-13}$$

$$\varepsilon_{a,p} = \varepsilon'_f(2N_f)^c \tag{4-14}$$

类似地，式（4-12）中的 ΔW_a^{e+} 和 ΔW_a^p 也可拆分为如下两个表达式：

$$\Delta W_a^{e+} = E'_{e+,a}(2N_f)^{b_{e+,a}} \tag{4-15}$$

$$\Delta W_a^p = E'_{p,a}(2N_f)^{c_{p,a}} \tag{4-16}$$

将（N_f，ΔW_a^{e+}）和（N_f，ΔW_a^p）数据点置于双对数坐标下，通常（N_f，ΔW_a^{e+}）数据点会分散在一条斜率较小的直线两侧，而（N_f，ΔW_a^p）数据点会分散在一条斜率相较更大的直线两侧（图4-2）。其中，参考MCB方程中转变寿命 N_T 的定义（即弹性和塑性应变幅值相等的点，在 $N_f < N_T$ 时，塑性应变对疲劳贡献更大，而在 $N_f > N_T$ 时，疲劳损伤由弹性应变主控），这里也给出了一个基于能量（总应变能）的转变寿命 $N_{T,TSED}$ 的定义。在 $N_f < N_{T,TSED}$ 时，塑性应变能对疲劳损伤贡献更大，而在 $N_f > N_{T,TSED}$ 时，疲劳损伤由正弹性应变能主控。参照Dowling给出的拟合MCB方程参数的方法[171]，对式（4-15）和式（4-16）两侧分别取（常用）对数得

$$\lg \Delta W_a^{e+} = \lg E'_{e+,a} + b_{e+,a} \lg(2N_f) \tag{4-17}$$

$$\lg \Delta W_a^p = \lg E'_{p,a} + c_{p,a} \lg(2N_f) \tag{4-18}$$

据上述表达式将试验数据分别做最小二乘法线性拟合可得与能量相关的四个疲劳参数。其中，ΔW_a^{e+} 和 ΔW_a^p 均基于实测迟滞回线计算[211]。由图4-2可知，$E'_{e+,a}$ 和 $E'_{p,a}$ 分别对应斜率，而 $b_{e+,a}$ 和 $c_{p,a}$ 则为两线在 $N_f = 0.5$ 时的截距。

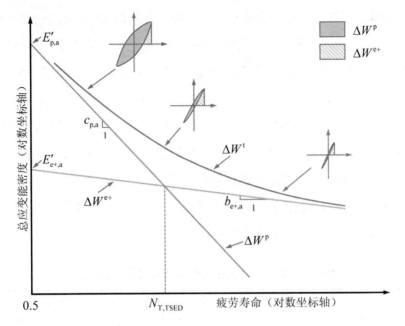

图4-2 总应变能密度及其分量与疲劳寿命的关系示意图

图4-3展示了第二章中Al 7075-T6511合金光滑件应变控疲劳试验过程中总应变能密度随疲劳寿命分数的变化规律（每个载荷水平下仅取一根试件为例）。

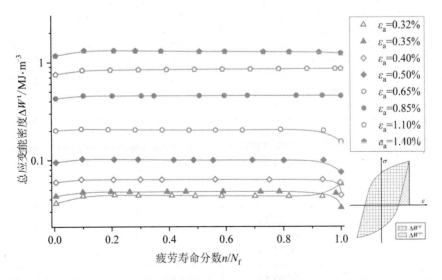

图4-3 Al 7075-T6511合金光滑件总应变能密度随疲劳寿命分数的变化规律

由图4-3可知，在不同载荷水平下，除起始阶段和最后临近失效阶段稍有波动外，总应变能密度在整个疲劳失效进程中基本保持稳定，满足疲劳指示因子对稳定性的需求。近期，Branco等[218]在研究中也得出了相同的结论。另外一组数据源自锻铁光滑件应变控疲劳试验[181]，室温下锻铁光滑件应变控疲劳试验数据见表4-1所列。试件加工用结构件系近期从葡萄牙维亚纳堡的埃菲尔公铁两用桥延寿评估项目中提取自锻铁材质桥身，该桥自开通起已安全运行近150年。据以上两组数据，分别拟合了这两种材料4个基于能量的（轴向）疲劳参数，拟合结果见表4-2所列，其总应变能密度及其分量与疲劳寿命关系数据拟合结果如图4-4所示。

表4-1　室温下锻铁光滑件应变控疲劳试验数据

No.	ε_a /%	σ_a /MPa	σ_{max} /MPa	N_f /周	失效
1	0.5	716.16	333.56	50	是
2	0.4	661.91	316.92	145	是
3	0.375	700.35	346.18	164	是
4	0.375	726.31	358.49	153	是
5	0.35	649.86	305.55	759	是
6	0.3	700.21	340.76	407	是
7	0.25	660.37	318.28	2 845	是
8	0.25	691.09	344.61	922	是
9	0.25	690.36	338.89	537	是
10	0.25	646.98	309.42	3 012	是
11	0.2	656.79	324.20	2 684	是
12	0.2	632.79	303.50	581	是
13	0.2	637.38	309.97	5 697	是
14	0.2	639.10	321.99	4 154	是

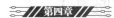
续表

No.	ε_a /%	σ_a /MPa	σ_{max} /MPa	N_f /周	失效
15	0.15	562.65	270.79	80 281	是
16	0.15	578.36	293.41	49 460	是
17	0.15	535.88	255.78	80 120	是
18	0.15	548.05	275.06	20 010	是
19	0.128	466.7	233.05	68 502	是
20	0.125	463.72	231.61	68 911	是
21	0.101 5	417.24	208.48	684 114	是
22	0.1	408.38	230.90	854 096	是
23	0.1	399.58	269.69	1 000 000	否
24	0.097 5	385.58	193.22	192 794	是
25	0.094	367.51	183.72	984 799	是
26	0.094	369.31	184.70	914 896	是
27	0.083	322.59	161.13	5 000 000	否

表4-2 两种材料基于能量的（轴向）疲劳参数

参数	Al 7075-T6511合金	锻铁
$E'_{e+,a}$ /MJ·m^{-3}	5.176 1	0.654 5
$b_{e+,a}$	−0.202 5	−0.120 6
$E'_{p,a}$ /MJ·m^{-3}	210.377 8	234.963 3
$c_{p,a}$	−0.696 1	−0.765 4

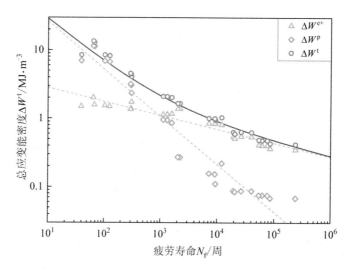

（a）Al 7075-T6511合金

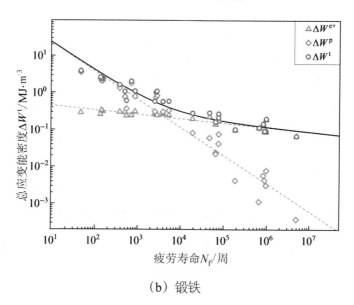

（b）锻铁

图4-4　总应变能密度及其分量与疲劳寿命关系数据拟合结果

　　另以MCB方程对比模型预测（关联）效果。鉴于Al 7075-T6511合金总应变幅值及其分量与疲劳寿命关系数据的拟合结果已在图2-5给出，这里仅给出锻铁疲劳试验数据的拟合结果（图4-5）。

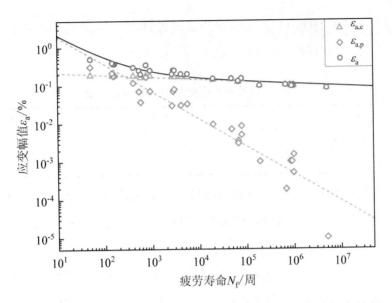

图4-5 锻铁总应变幅值及其分量与疲劳寿命关系数据的拟合结果

由图2-5、图4-4和图4-5可知，Al 7075-T6511合金和锻铁的N_T分别约为40和250周次，而$N_{T,TSED}$分别约为900和4 500周次。对于这两种材料，$N_{T,TSED}$都更靠近横坐标中部而不像N_T过于偏向左侧，从而保证了塑性应变能和正弹性应变能有基本相当的主控区域，这一点要优于MCB模型。所提通用总应变能密度（GSED）–寿命模型的另一个优点是，涵盖了MCB模型无法考虑的各试件间弹性模量的差异，实现了信息充分利用。

为对比基于总应变能密度的GSED模型与基于总应变的MCB模型的预测效果，引入方均根对数误差（root mean squared logarithmic error，RMSLE）概念：

$$\text{RMSLE} = \sqrt{\frac{1}{k}\sum_{i=1}^{k}\left[\lg\left(N_{f,p,i}\right) - \lg\left(N_{f,t,i}\right)\right]^2} \qquad (4\text{-}19)$$

式中，k为数据点总数；$N_{f,p,i}$为编号为i的试件的预测寿命；$N_{f,t,i}$为试件i的试验寿命；$\lg$为底数为10的常用对数符号。

对于 Al 7075-T6511 合金和锻铁这两种材料，运用 GSED 模型和 MCB 模型计算方均根对数误差结果见表4-3所列。

表4-3　两种寿命模型的方均根对数误差

模型	Al 7075-T6511 合金	锻铁
GSED	0.175	0.470
MCB	0.228	0.573

由表4-3可知，对于 Al 7075-T6511 合金和锻铁这两种材料，GSED 模型的方均根对数误差均小于 MCB 模型，这在一定程度表明 GSED 模型在关联疲劳损伤方面比 MCB 模型具有更强的能力。同时，与能量场强法建立之初所使用的总应变能密度–寿命方程［式（4-7）］相比，模型参数有了规范化的拟合流程。在本章后续部分，能量场强法将改用 GSED 模型关联损伤与疲劳寿命。

4.2.3　尺寸效应修正

能量场强法原型仅考虑了缺口效应和多轴疲劳，而未虑及尺寸效应的影响。实际中，由于试验成本和设备限制，实际疲劳试件通常与全尺寸结构存在一定差异。据此，为拓展能量场强法的应用面，本小节将修正能量场强法原型。

如前所述，疲劳中的尺寸效应[103]可划分为统计[104]、几何[105]、加工[106]和表面尺寸效应[107]四种类型。其中，能量场强法本身已考虑几何尺寸效应，而加工和表面尺寸效应主要涉及制造工艺方面的内容，故这里主要针对统计尺寸效应对疲劳强度的影响进行模型修正。迄今，统计尺寸效应描述主要有最弱链理论[112]、高应力体积（表面积）[113]、临界缺陷法[126]和分形理论[115]等。

参考Sonsino等[133]和李亚波等[138]基于高应力体积修正疲劳强度的做法，这里基于能量场强法中有效损伤区体积V_W与作为参照的疲劳试件的有效损伤区体积$V_{W,0}$的比值进行模型修正。通过一个尺寸效应系数w来表征尺寸效应影响的显著性，其可基于具有不同有效损伤区体积试件的疲劳试验数据拟合得到。结合前述通用总应变能密度–寿命方程，可得如下能量场强法表达式：

$$
\begin{aligned}
W_{\mathrm{FI}} &= \left(\frac{V_W}{V_{W,0}}\right)^w \frac{1}{V_W} \int_{\Omega_W} \Delta W_{r,\theta}^{\mathrm{t}}\left[1 - \frac{1}{\Delta W_{\max}^{\mathrm{t}}} \cdot \frac{\partial \Delta W_{r,\theta}^{\mathrm{t}}}{\partial r} r(1+\sin\theta)\right]\mathrm{d}v \\
&= E'_{\mathrm{e+,a}}\left(2N_{\mathrm{f}}\right)^{b_{\mathrm{e+,a}}} + E'_{\mathrm{p,a}}\left(2N_{\mathrm{f}}\right)^{c_{\mathrm{p,a}}}
\end{aligned}
\tag{4-20}
$$

4.3 弹塑性有限元分析

本章拟用第二章中所介绍的不同尺寸Al 7075-T6511合金板状缺口件疲劳试验数据进行模型验证。为计算能量场强，需首先进行有限元分析以提取循环应力–应变响应信息。所用有限元软件为ANSYS的Mechanical APDL 19.0模块。为保证计算精度，选用了二阶20节点SOLID 186单元。鉴于试件的对称性，仅建立了1/8模型以提高计算效率。本构建模用到的材料力学参数已在表2-2列出；塑性变形选用含3项背应力的Chaboche随动硬化模型描述，相关参数已在表2-5列出。4种不同尺寸的缺口试件在划分网格时均进行了网格无关性分析，以保证后续数据处理的有效性。仿真计算中，试件的边界条件与试验保持一致。

图4-6以180 MPa名义应力下150%比例Al 7075-T6511合金缺口疲劳试件为例，展示了包括加载方向应力分量（最大载荷对应子步）、应力多轴度（最大载荷对应子步）、总应变能密度（稳定循环周次）和基于稳定循环周次总应变能密度预测的疲劳寿命等四项数据的分布云图。

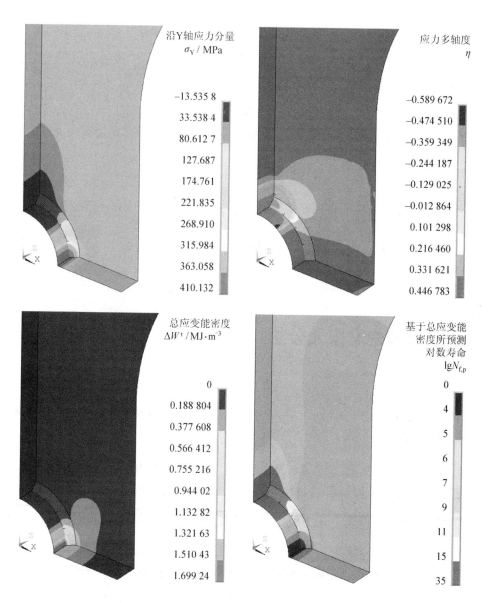

图4-6 180 MPa名义应力下150%比例Al 7075-T6511合金缺口疲劳试件不同参量云图

另外，图4-7还给出了180 MPa名义应力下150%比例Al 7075-T6511合金缺口疲劳试件沿垂直于加载方向指定路径的应力分量及总应变能密度分布。

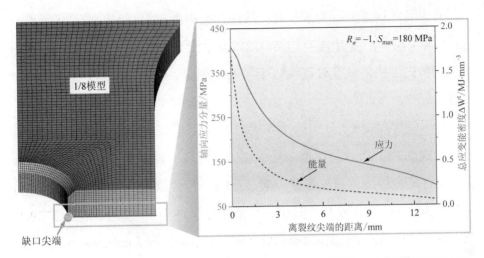

图4-7　180 MPa名义应力下150%比例Al 7075-T6511合金缺口疲劳试件沿垂直于
加载方向指定路径的应力分量及总应变能密度分布

根据前述有效损伤区边界定义，计算得到的有效损伤区半径如表
4-4所列。

表4-4　不同比例Al 7075-T6511合金缺口疲劳试件的有效损伤区半径

单位：mm

比例	120 MPa	135 MPa	150 MPa	165 MPa	180 MPa
50%	0.393	0.393	0.393	0.327	0.241
75%	0.591	0.591	0.591	0.490	0.362
100%	0.803	0.803	0.803	0.667	0.492
150%	1.195	1.195	1.195	0.992	0.732

4.4　概率疲劳寿命预测

本小节基于前述经有效损伤区体积比修正的能量场强–寿命模型和Al
7075-T6511合金缺口疲劳试件的有限元仿真计算结果进行疲劳寿命预测。

考虑到材料疲劳行为本征的分散性，这里尝试将确定性能量场强模型进行概率化处理。鉴于没有如文献[219]中大样本量的疲劳试验数据，采用雷强[220]所提方法，基于对数预测寿命与对数试验寿命的误差［式(3-1)］做分散性统计。

这里需要假设不同总应变能密度下的对数疲劳寿命分散特征相同，并且假定式（3-1）所计算误差服从正态分布。基于表2-3中Al 7075-T6511合金光滑件应变控疲劳试验数据，据式（3-1）所计算误差的均值和标准差分别为–0.013 24和0.176 49。其中，均值可近似视为0。参考ASTM E739-10 "Standard Practice for Statistical Analysis of Linear or Linearized Stress-Life（S - N）and Strain-Life（ε - N）Fatigue Data"[221]的建议，由于寿命模型所建立的损伤参量与疲劳寿命间的关系线，在理论上只是一种较为精确合理的表达而非完全准确无误，故不建议将置信边界包括的范围取至95%以上。据此，参照Pedrosa等[222]的做法，做2倍标准差（±2σ）偏置绘制置信边界。最终，Al 7075-T6511合金光滑件的 P - W - N 曲线簇如图4-8所示。

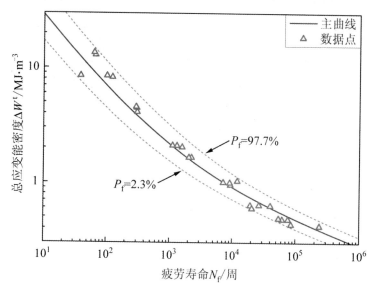

图4-8　Al 7075-T6511合金光滑件的 P - W - N 曲线簇

由图4-8可知，所绘制的 *P - W - N* 曲线簇较好地描述了 Al 7075-T6511 合金光滑件疲劳试验数据的分散特征，后续将沿用上述分散性参数概率化预测结果。基于修正前能量场强–寿命模型预测寿命，并做概率化处理后的结果如图4-9所示，P_f 为失效概率。中位 *S - N* 曲线系根据对应预测的5个数据点线性拟合得到的。

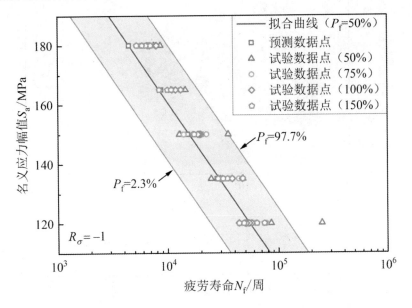

图4-9 修正前的能量场强–寿命模型所预测 *P - S - N* 曲线簇

由图4-9可知，未修正前，不同比例 Al 7075-T6511 合金缺口疲劳试件基于能量场强法预测的 *P - S - N* 曲线簇相同，未能虑及尺寸效应的影响。事实上，由于这里四种比例的缺口疲劳试件中部尺寸均为成比例放缩，所以据式（4-10）计算的能量场强几近相同，故而预测结果及偏置而来的 *P - S - N* 曲线簇自然相同。

接着用修正的能量场强–寿命模型做寿命预测。50%、75%、100%和150%缺口试件的高应力体积之比为 $1^3 : 1.5^3 : 2^3 : 3^3$，取150%缺口试件的有效损伤区体积为 $V_{w,0}$，结合表2-7中的疲劳试验数据，拟合得尺寸效应系数 $w = 0.033\,36$。将 w 的值代入式（4-20）后预测的 *P - S - N* 曲线簇如图4-10

所示。其中，各中位 S - N 曲线系根据对应不同载荷下修正的能量场强法预测的5个数据点线性拟合得到的。

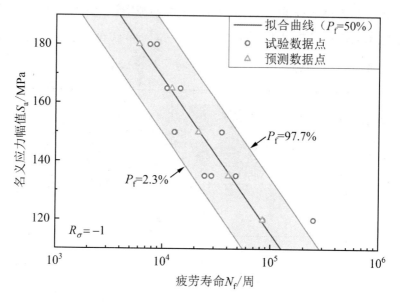

（a）50% Al 7075-T6511合金缺口疲劳试件

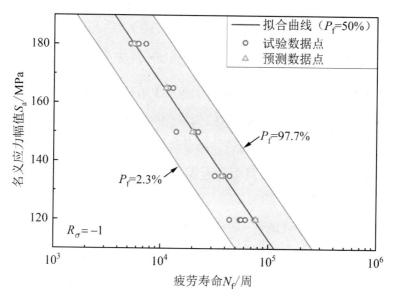

（b）75% Al 7075-T6511合金缺口疲劳试件

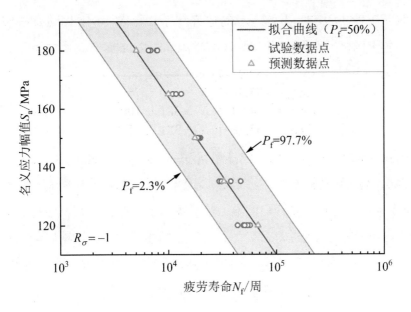

（c）100% Al 7075-T6511合金缺口疲劳试件

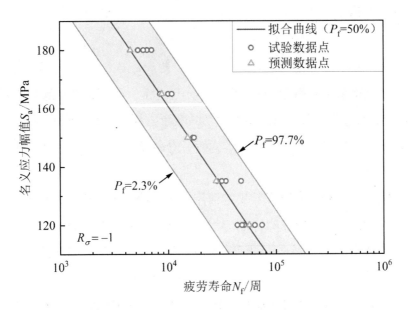

（d）150% Al 7075-T6511合金缺口疲劳试件

图4-10　修正后能量场强–寿命模型所预测不同比例Al 7075-T6511合金缺口
疲劳试件 P - S - N 曲线簇

对应2.3%和97.7%失效概率的边界线系根据图4-8中相同方法偏移得到的。各比例缺口试件预测点所拟合的中位 S - N 曲线表达式如下：

$$\begin{cases} \lg S_a = -52.98 \cdot \lg N_f + 380.3, 50\% \\ \lg S_a = -53.53 \cdot \lg N_f + 380.7, 75\% \\ \lg S_a = -54.24 \cdot \lg N_f + 381.1, 100\% \\ \lg S_a = -55.28 \cdot \lg N_f + 381.9, 150\% \end{cases} \qquad (4\text{-}21)$$

由式（4-21）可知，修正的能量场强–寿命模型预测的中位 S - N 曲线在双对数坐标下的斜率并不一致，该现象系尺寸效应在不同载荷水平下（不同疲劳寿命区间）显著程度不一致所致。由图4-10可知，经有效损伤区体积比修正的能量场强–寿命模型，可较好描述尺寸效应下缺口结构疲劳寿命的变化趋势，所预测 P - S - N 曲线簇基本可把所有离散数据点包罗在内。

4.5 本章小结

基于能量参量兼顾应力–应变响应，且可统一微观损伤现象和宏观试验数据的独有优势，耦合总应变能密度–寿命方程、有效损伤区和权函数概念，提出了一种尺寸效应下缺口结构疲劳寿命预测的能量场强法，相关结论如下。

①提出了一种含双幂函数项的通用总应变能密度–寿命方程以及拟合了4个基于能量的疲劳参数的标准流程。经Al 7075-T6511合金和锻铁光滑件疲劳试验数据验证，总应变能密度作为疲劳指示因子较总应变幅值关联疲劳寿命效果更优。

②针对尺寸效应对疲劳强度的影响，从统计角度出发，引入有效损伤区体积比做修正，建立了缺口–尺寸效应下的能量场强–寿命模型。经试验数据验证，该模型准确描述了尺寸效应下Al 7075-T6511合金缺口试件的疲劳寿命变化规律。

③基于 Al 7075-T6511 合金光滑件疲劳试验数据提取其分散特征，据此对能量场强法做了概率化处理。经 Al 7075-T6511 合金缺口疲劳试验数据验证，能量场强法预测的 P - S - N 曲线簇可将不同比例缺口试件离散数据点有效包罗。

第五章

基于全域损伤理论的缺口结构疲劳寿命预测

5.1 引言

第四章中，通过有效损伤区体积比修正能量场强－寿命模型，满足了尺寸效应下缺口结构概率疲劳寿命预测需求。然而，尽管其较局部应力－应变法强调了有效损伤区概念，且用权函数来加权量化了有效损伤区内不同材料单元劣化对结构整体损伤演化的贡献，但该方法仅适用于疲劳失效部位相对固定的情形。实际工程中，结构和零部件复杂的几何形状和受力状态有时会导致其呈多部位损伤特征[223]，即一个结构部件或机械零件上存在多个潜在失效的危险部位[224]。此时，基于单一危险点做疲劳寿命预测的方法不再适用。据此，本章发展了一种基于全域损伤理论的缺口结构疲劳寿命预测模型，以满足结构整体概率疲劳强度评定需求。

5.2 全域损伤理论

  几何不连续部位的结构完整性分析对保证工程部件可靠服役至关重要。针对工程中一些失效位置（疲劳裂纹源）不固定而散布于高应力表面区域的情形，近20年陆续发展了系列基于全场损伤的疲劳强度评估模型[225-227]。

  在本节中，基于广义局部模型，通过引入SWT模型和有效应力概念分别描述多轴疲劳和缺口效应的影响，融合全域损伤建立了一种尺寸效应下缺口结构概率疲劳寿命预测框架，满足了多部位损伤下疲劳寿命评定需求。

5.2.1 威布尔概率疲劳模型

  为描述疲劳数据的分散性及尺寸效应下材料疲劳性能传递规律，引入了威布尔概率回归模型，并以此建立基础框架。威布尔概率回归模型由Castillo 和 Fernández-Canteli[228]提出，它起初被用于与基于应力或应变的疲劳模型搭配使用以描述 S - N 或 ε - N 数据的分散性。运用该模型可绘出等失效概率双曲线。图5-1为基于威布尔概率回归模型拟合的Al 7075-T6511光滑件 P - ε - N 曲线簇。尤其，威布尔概率回归模型具有可与任意形式损伤参量搭配使用的通用性优势[229-230]，较其他模型更加灵活。若用 GP 表示通用损伤参量，则威布尔概率回归模型通用形式可表示为

$$\begin{cases} P_f = 1 - \exp\left[-\left(\dfrac{V-\lambda}{\delta_{ref}}\right)^{\beta}\right] \\ s.t.\ V = (\ln GP - C)(\ln N_f - B) \end{cases} \tag{5-1}$$

式中，λ 和 β 的定义与之前相同；δ_{ref} 为基于参考件分散疲劳试验数据拟合的尺度（范围）参数；V 为归一化变量，其可保证三参数威布尔分布描述任意分散 $GP\text{-}N$ 疲劳数据的有效性；B 和 C 分别为疲劳寿命和疲劳极限门槛值的渐近线。

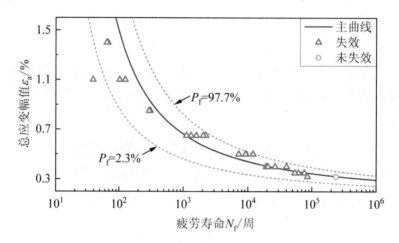

图 5-1　基于威布尔概率回归模型拟合的 Al 7075-T6511 合金光滑件 $P\text{-}\varepsilon\text{-}N$ 曲线簇

由图 5-1 可知，威布尔概率回归模型给出的 $P\text{-}\varepsilon\text{-}N$ 曲线簇较好地描述了 Al 7075-T6511 合金光滑件疲劳试验数据的分散特征。基于式（5-1），通过引入一个新的尺寸参数 δ_{new} 便可实现参考光滑试件的失效概率分布函数向另一不同尺寸光滑试件失效概率分布函数的转化。δ_{new} 的表达式为

$$\delta_{\text{new}} = \delta_{\text{ref}} \left(\frac{S_{\text{ref}}}{S_{\text{new}}} \right)^{1/\beta} \tag{5-2}$$

结合式（5-1）和式（5-2），可得另一尺寸光滑试件的概率损伤–寿命关系：

$$P_{\text{f}} = 1 - \exp\left[-\frac{S_{\text{new}}}{S_{\text{ref}}} \left(\frac{V - \lambda}{\delta_{\text{ref}}} \right)^{\beta} \right] \tag{5-3}$$

用 EN-GJS-400-18-LT 延性铸铁[166] 和 RENE 80 镍基超合金[231] 不同尺寸光滑试件的疲劳试验数据验证模型（图 5-2），试件的几何形貌和尺寸已在文献［166］和文献［231］中给出。其中，EN-GJS-400-18-LT 含两组截取自不

同厚度基材试件的疲劳试验数据，T90和T150分别表示其取样基材厚度为90 mm和150 mm。

由图5-2可知，威布尔概率回归模型所给出的P-GP-N曲线簇在较好描述疲劳试验数据分散性的同时，有效表征了尺寸效应下材料疲劳性能传递规律。

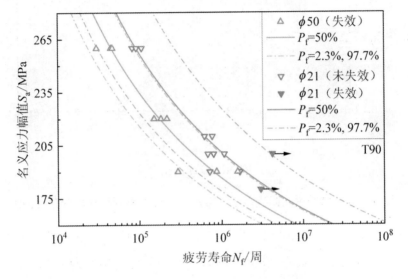

（a）EN-GJS-400-18-LT（T90）延性铸铁

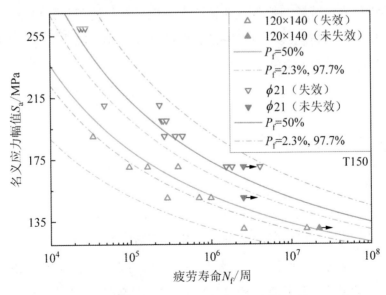

（b）EN-GJS-400-18-LT（T150）延性铸铁

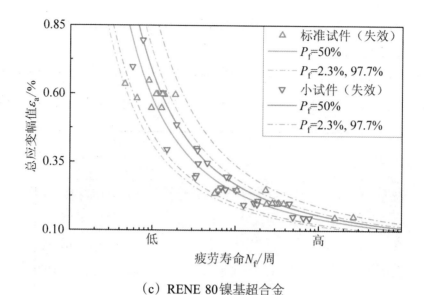

（c）RENE 80镍基超合金

图5-2　威布尔概率回归模型所拟合尺寸效应下不同材料的分散性曲线

然而，式（5-3）仅可用于损伤参量均匀分布情形下不同尺寸光滑件的概率疲劳性能传递，而在实际工程中，受几何不连续特征和载荷形式等多因素影响，机械结构全场损伤分布并不均匀。鉴于疲劳试验中往往依据相关标准设计光滑或缺口疲劳试件试验，以确定材料疲劳参数和建立寿命模型，实现小尺寸材料级光滑或缺口试件疲劳性能和全尺寸工程部件疲劳强度间的稳健传递尤为关键。

5.2.2　广义局部模型

考虑到威布尔概率回归模型仅考虑了损伤参量均匀分布的情形，若强行将其用于缺口结构疲劳寿命预测，则预测结果的有效性和可靠性无法保证。据此，为满足不均匀损伤参量场下结构疲劳寿命预测需求，Muñiz-Calvente等[232]将威布尔概率疲劳模型与广义局部模型进行了耦合。

广义局部模型的首要目标是获取主累积失效概率分布函数 $P_{\text{intf},i}$，以作为疲劳性能参照。在此过程中，需循环迭代计算从而保证可基于选定损伤参量计算任意材料单元的失效概率，并考虑形状、尺寸和载荷状态的共同影响[233]。如是，便可实现对不同载荷状态下、不同几何形状工程部件概率疲劳损伤进程的可靠评估。具体地，计算主累积失效概率分布函数中的五个参数的循环迭代过程包含以下六个步骤：①依据实际工程需求设计并开展疲劳试验；②参照试验的边界条件做有限元仿真计算，并据所选定损伤参量计算其在试件的全场分布；③计算各疲劳试件的等效尺寸；④确定渐近线相关参数 B 和 C；⑤计算三参数威布尔分布参数；⑥基于输出参数判定收敛性，不符合则继续循环。图 5-3 为最终梳理的确定主累积失效概率分布函数参数的循环迭代计算框图[232]。

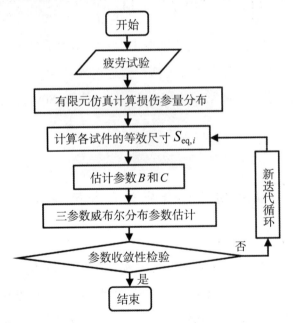

图 5-3　确定主累积失效概率分布函数参数的循环迭代计算框图

该迭代计算过程更多细节可参考文献［232］和文献［233］，这里仅详细介绍与全域损伤理论特征关联较强的第三步。该步骤主要涉及等效尺寸 $S_{\text{eq},i}$ 的计算，其对应于一根疲劳寿命相同、均布损伤参量等于所研究试件

全场最大损伤参量 GP_{max} 的虚拟光滑试件标距段的表面积。具体地，取等效表面积 $S_{\text{eq},i}$ 或等效体积 $V_{\text{eq},i}$ 可根据所研究对象的失效模式确定。若所研究对象疲劳失效多始于自由表面，建议用表面积[232]；若所研究对象疲劳失效同时存在于自由表面和内部材料单元，则选用体积更佳[104]。本章中，用于模型验证的缺口试件疲劳失效均发生在自由表面，故选用表面积。$S_{\text{eq},i}$ 的计算公式为

$$S_{\text{eq},i} = -\lg\left(1 - P_{\text{intf},i}\right)S_{\text{ref}}\left(\frac{\delta_{\text{ref}}}{V_i - \lambda}\right)^{\beta} \tag{5-4}$$

式中，$P_{\text{intf},i}$ 为编号 i 试件的整体失效概率（即主累积失效概率分布函数）。

$P_{\text{intf},i}$ 的计算公式为

$$P_{\text{intf},i} = 1 - \prod_{j=1}^{n}\left(1 - P_{\text{f},\Delta S_{ij}}\right) = 1 - \prod_{j=1}^{n}\left\{\exp\left[-\frac{\Delta S_{ij}}{S_{\text{ref}}}\left(\frac{V_{ij} - \lambda}{\delta_{\text{ref}}}\right)^{\beta}\right]\right\} \tag{5-5}$$

式中，ΔS_{ij} 和 V_{ij} 分别为广义局部模型中编号为 j 的子材料单元的尺寸和归一化变量。值得指出的是，$S_{\text{eq},i}$ 无法直接通过式（5-5）计算，故在循环迭代计算中定义初值时，通常取所研究结构表面积的80%，以便减少迭代次数并加速收敛。

5.2.3 基于全域损伤的缺口疲劳寿命预测框架

如前所述，通过将威布尔概率疲劳模型与广义局部模型耦合，并引入循环迭代计算过程，Muñiz-Calvente 等[232]实现了试件的失效概率分布函数向主累积失效概率分布函数的转换。基于此，可实现任意几何形貌和加载类型下工程结构的可靠失效概率评估，且该方法的适用性不受所选用损伤参量类型影响。这种方法为基于材料级疲劳试验获得的疲劳性能参数，推导任意复杂机械结构的疲劳强度提供了一种潜在途径，而无需考虑其与材料级试件在形状、尺寸以及加载模式上的差异。

然而，该方法虽考虑了不均匀损伤参量分布，但未能兼顾缺口效应[9]和多轴疲劳[234]的影响。如前所述，为满足装配、功能和减重（环保节约）等多方面的需求，几何不连续特征在工程中广泛存在、不可避免。由此，在外部载荷作用下，结构缺口特征处自由表面的应力水平（损伤参量）往往较大，但由外往内逐渐或迅速减小。为精确预测疲劳寿命，必须将损伤参量的梯度变化考虑在内。此外，多轴应力–应变状态往往与缺口效应相伴而生。式（5-6）给出了应力三轴度的表达式。

$$\eta = \frac{\sigma_{\mathrm{H}}}{\sigma_{\mathrm{von}}} = \frac{\frac{1}{3}(\sigma_1 + \sigma_2 + \sigma_3)}{\sqrt{\frac{(\sigma_1 - \sigma_2)^2 + (\sigma_2 - \sigma_3)^2 + (\sigma_3 - \sigma_1)^2}{2}}} \tag{5-6}$$

式中，σ_{H} 为静水应力；σ_{von} 为冯米塞斯等效应力；σ_1、σ_2 和 σ_3 为三个主应力。

由图4-6可知，虽然该疲劳试件仅受轴向循环载荷作用，但受几何不连续特征影响，其缺口根部附近仍呈现出复杂的多轴应力状态。据此，在缺口结构寿命预测时亦需考虑多轴疲劳损伤。

较单轴加载情形，多轴循环力学响应下的疲劳失效更加复杂，模型中涉及的参数也更多[235]。在诸多多轴疲劳寿命预测方法中，临界平面法因其可同时准确预测疲劳寿命和裂纹萌生扩展方向的独特优势，在工程中备受推崇[74]。

鉴于后续用于模型验证的TA19合金缺口疲劳试验均在轴向循环载荷下进行，整体上以拉伸主导的多轴疲劳状态为主，故选择了基于最大正应变幅值临界平面的SWT多轴疲劳模型［式（1-47）］。该模型已在1.2.3节介绍，此处不再赘述，仅给出其疲劳失效机理示意图（图5-4）。另外，TA19合金缺口疲劳试件所受名义载荷的应力比 R_σ 为0.1，而SWT模型正好可兼顾平均应力效应的影响。

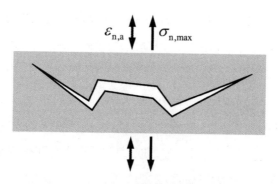

图5-4 SWT模型疲劳损伤机理示意图

在确定选用SWT模型描述多轴疲劳损伤后，另一问题便是修正损伤参量，以进一步涵盖缺口效应的作用。针对如何基于SWT模型进一步考虑不均匀应力分布，王荣桥等[96]给出了一种解决方案，即将临界平面上的最大正应力 $\sigma_{n,max}$ 项用有效应力替换。有效应力的概念由 Qylafku 等[89]提出，其目的是在考虑疲劳裂纹萌生的物理机理的同时划定疲劳分析中的"物理体积"（即有效损伤区）[236-237]。为描述真实弹塑性变形状态下，不均匀应力分布对疲劳强度的影响，Pluvinage给出了如下相对应力梯度的表达式[89]：

$$\chi(x) = \frac{1}{\sigma_{yy,max}(\theta=0)} \cdot \frac{\partial \sigma_{yy}(x,\theta=0)}{\partial x} \tag{5-7}$$

有效应力法认为通过引入权函数进行量化，相对应力梯度可助于描述有效损伤区内不同位置处应力对结构整体损伤的贡献[9]。Pluvinage[238]依据缺口根部附近的应力和相对应力梯度分布划分了 Ⅰ、Ⅱ、Ⅲ、Ⅳ共四个区域。图5-5为典型弹塑性变形状态下沿给定路径的应力和相对应力梯度分布示意图。

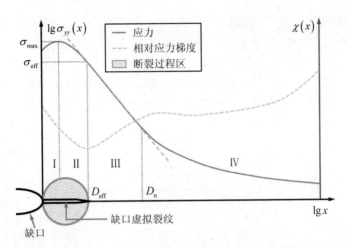

图5-5 典型弹塑性变形状态下沿给定路径的应力和相对应力梯度分布示意图

由图5-5可知，在弹塑性变形状态下，区域 I 为包含最大应力点在内的高应力区，横跨自由表面至最大应力点；区域 II 为区域 I 和区域 III 间的中间区域，横跨最大应力点到最小应力梯度点（应力分布的第一个拐点）。区域 I 和区域 II 组成了有效应力法中的有效损伤区。区域 III 在双对数坐标下应力分布近似呈线性，可表示为

$$\lg \sigma_{yy} = \lg C - \alpha \lg x \tag{5-8}$$

亦可写作幂函数形式：

$$\sigma_{yy} = C / x^{\alpha} \tag{5-9}$$

式中，C 和 α 为与几何形状、载荷类型、材料力学行为、缺口张角及边界条件等相关的常数[239]。除区域 I 、II 、III 之外的范围即为区域IV（以 D_n 为界）。基于前面规定的有效损伤区边界 D_{eff}，Qylafku 等[236]给出了有效应力的表达式：

$$\sigma_{eff} = \frac{1}{D_{eff}} \int_0^{D_{eff}} \sigma_{yy}(x, \theta=0) \cdot \varphi(x, \chi(x)) \mathrm{d}x \tag{5-10}$$

式中，$\varphi(x, \chi(x))$ 为权函数。其表达式为

$$\varphi(x, \chi(x)) = 1 - |\chi(x)| \cdot x \tag{5-11}$$

相较于应力场强法，有效应力法在确定有效损伤区边界时更为简便，在为缺口结构疲劳寿命预测提供新思路的同时有效提高了分析效率。

通过耦合式（1-47）、式（5-5）和式（5-10），可得基于全域损伤理论的

缺口结构概率疲劳寿命预测模型的表达式（式5-12），另可梳理得图5-6所示基于全域损伤理论的缺口结构概率疲劳寿命评估通用框架。

$$P_{\text{intf},i} = 1 - \prod_{j=1}^{n}\left[\exp\left(-\frac{\Delta S_{ij}}{S_{\text{ref}}}\left\{\frac{\left[\ln\left(\varepsilon_{\text{n,a}}\sigma_{\text{eff}}\right)_{ij} - C\right]\left(\ln N_{ij} - B\right) - \lambda}{\delta_{\text{ref}}}\right\}^{\beta}\right)\right] \quad (5\text{-}12)$$

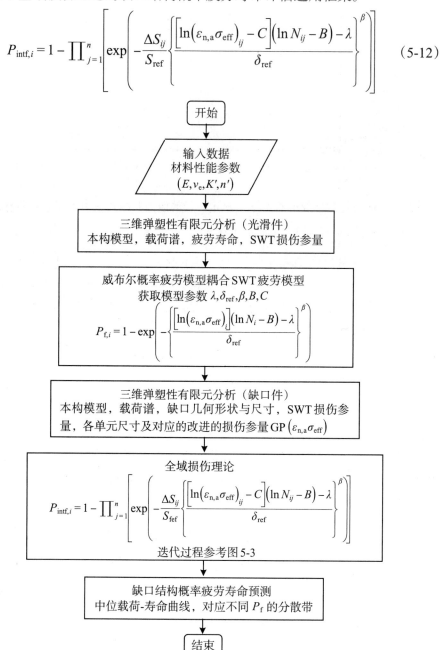

图5-6 基于全域损伤理论的缺口结构概率疲劳寿命评估通用框架

5.3 概率疲劳寿命预测

本节将基于疲劳试验数据，对前述基于全域损伤理论的缺口结构疲劳寿命预测概率模型的关键要素及整体框架进行验证。首先，用 TA19 合金和 P355NL1 钢两种材料光滑件的应变控疲劳试验数据，来验证 SWT 模型损伤参量与威布尔概率回归模型耦合描述疲劳试验数据分散特征的有效性。这两种材料的力学性能参数见表 5-1 所列，光滑件的应变控疲劳试验数据分别见表 5-2 和表 5-3 所列。这两组数据均为非对称载荷，可在一定程度上验证 SWT 损伤参量描述平均应力效应的能力。

表 5-1 两种材料的力学性能参数

材料	T /℃	E /GPa	v_e	$\sigma_{0.2}$ /MPa	σ_b /MPa
TA19 合金[240]	180	109.8	0.32	825	953
P355NL1 钢	20	205.2	0.275	418	568

表 5-2 180 ℃下 TA19 合金光滑件疲劳试验数据[240]

ε_{max} /%	ε_{min} /%	试件数	平均疲劳寿命/周
1.60	0.16	2	2 890
1.40	0.14	3	12 685
1.20	0.12	4	23 441
1.00	0.10	3	133 809
0.80	0.08	3	339 722

表5-3　室温下P355NL1钢合金光滑件疲劳试验数据

No.	$\Delta\varepsilon$ /%	R_ε	f /Hz	N_f /周
1	3.00	0	0.133	77
2	2.00	0	0.200	260
3	1.50	0	0.266	503
4	1.50	0	0.266	433
5	1.50	0	0.266	511
6	1.00	0	0.400	1 625
7	1.00	0	0.400	1 133
8	1.00	0	0.400	1 280
9	0.75	0	0.533	2 440
10	0.75	0	0.533	3 300
11	0.75	0	0.533	3 565
12	0.60	0	0.666	7 805
13	0.60	0	0.666	5 700
14	0.50	0	0.800	14 760
15	0.50	0	0.800	14 197
16	0.50	0	0.800	8 520
17	0.40	0	1.000	16 000

为作对比，同时用总应变范围（与MCB模型的总应变幅值效果相同）进行了拟合。最终，用总应变范围-寿命数据和SWT损伤参量-寿命数据分别作为输入，代入威布尔概率回归模型拟合的 P - GP - N 曲线簇如图5-7和图5-8所示。

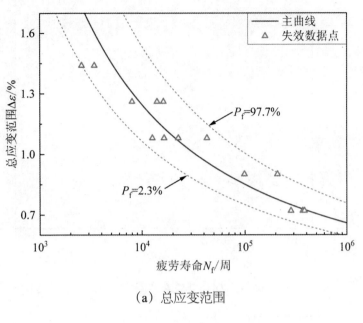

（a）总应变范围

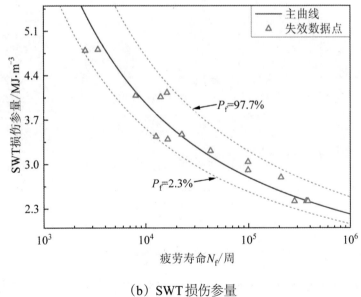

（b）SWT损伤参量

图 5-7　威布尔概率回归模型所拟合 TA19 合金光滑件 *P* - *GP* - *N* 曲线簇

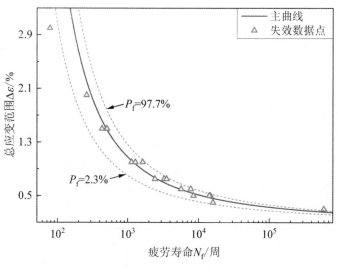

（a）总应变范围

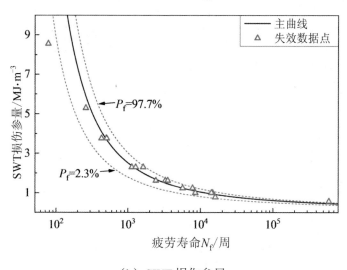

（b）SWT损伤参量

图5-8　威布尔概率回归模型所拟合P355NL1钢光滑件 P - GP - N 曲线簇

为对比两种损伤参量的拟合效果，引入平均绝对误差 $\bar{E}$ （式5-13）来评价所拟合中位疲劳寿命 $N_{f,t}$ 与试验寿命 $N_{f,p,50\%}$ 的总体偏差。$\bar{E}$ 越小表示拟合效果越好，即损伤参量关联疲劳寿命的能力越强。基于两种疲劳损伤参量所预测寿命的平均绝对误差见表5-4所列。

$$\bar{E} = \frac{1}{n}\sum\nolimits_{i=1}^{n}\left|E_i\right| \tag{5-13}$$

$$E_i = \lg\left(N_{\mathrm{f,p,50\%},i}/N_{\mathrm{f,t},i}\right) \tag{5-14}$$

表5-4　基于两种疲劳损伤参量所预测寿命的平均绝对误差

材料	总应变范围	SWT损伤参量
TA19合金	18.17	14.72
P355NL1钢	10.33	9.85

由表5-4可知，对两种材料光滑件的应变控疲劳试验数据，SWT损伤参量较总应变范围关联疲劳寿命的效果均更佳。

接着，用不同比例TA19合金缺口试件疲劳试验数据验证全域损伤理论的有效性。TA19合金缺口疲劳试件的几何形貌如图5-9所示，不同比例下TA19合金缺口试件的尺寸信息见表5-5所列。四种比例缺口试件的弹性应力集中系数基本一致。试验采用三角波力控加载，不同应力水平下，不同比例TA19合金板状缺口试件的疲劳试验数据见表5-6所列。

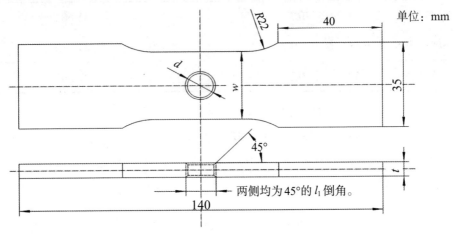

图5-9　TA19合金缺口疲劳试件几何形貌[240]

表5-5　不同比例TA19合金缺口疲劳试件尺寸信息[240]

单位：mm

比例	d	w	t	l	K_t
40%	4.2	11.2	2.4	0.3	2.321
60%	6.3	16.8	3.6	0.5	2.336
80%	8.4	22.4	4.8	0.6	2.353
100%	10.5	28.0	6.0	0.8	2.357

表5-6　不同应力水平下不同比例TA19合金板状缺口试件的疲劳试验数据[240]

比例	S_{max} /MPa	R_σ	f /Hz	试件数	平均疲劳寿命/周
100%	634.94	0.1	3	4	8 078
100%	588.70	0.1	3	4	10 225
100%	536.54	0.1	3	5	20 062
100%	496.72	0.1	3	4	30 963
80%	450.73	0.1	3	4	35 604
60%	536.54	0.1	3	4	21 836
40%	536.54	0.1	3	4	22 505

王荣桥等[96]以634.94 MPa名义应力载荷下100%比例TA19合金缺口疲劳试件断面为例进行了分析。根据断面的微结构特征，将其划分为三个区域（图5-10），具体地，区域Ⅰ为裂纹萌生和扩展区，区域Ⅱ为裂纹进一步扩展区，区域Ⅲ为失稳快速断裂区。同时，对536.54 MPa名义应力下不同比例TA19合金缺口疲劳试件的疲劳辉纹进行了统计分析，结果显示，四种比例缺口试件的平均辉纹间距分别为1.084、1.131、1.696和2.421 μm。这一数据反映了尺寸效应通过改变应力梯度，进而影响缺口疲劳强度。

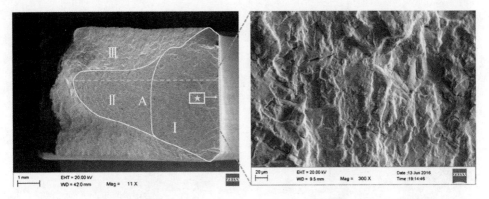

图 5-10　634.94 MPa 名义应力下 100% 比例 TA19 合金缺口疲劳试件断面[96]

接着，开展弹塑性有限元仿真分析，以获取基于全域损伤理论预测缺口结构疲劳寿命所需输入信息。所用有限元软件为 ANSYS 的 Mechanical APDL 19.0 模块。为保证计算精度，选用了二阶 20 节点 SOLID 186 单元。鉴于试件的对称性，仅建立了 1/8 模型以提高计算效率。本构建模用到的材料力学参数见表 5-1 所列；塑性变形选用含 3 项背应力的 Chaboche 随动硬化模型来描述。四种不同尺寸缺口试件在划分网格时均进行了网格无关性分析以保证后续数据处理的有效性。仿真计算中，试件的边界条件与试验保持一致。

图 5-11 以 356.54 MPa 名义应力下 100% 比例 TA19 合金缺口疲劳试件为例展示了 SWT 损伤参量（稳定循环周次）和基于 SWT 模型预测的疲劳寿命等两项数据的分布云图。另外，还给出了图 5-12 所示的 356.54 MPa 名义应力下 100% 比例 TA19 合金缺口疲劳试件沿垂直于加载方向指定路径的应力分量及相对应力梯度分布。

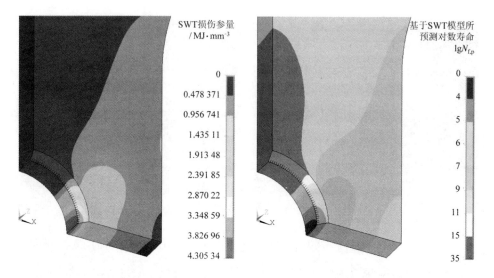

图 5-11   356.54 MPa 名义应力下 100% 比例 TA19 合金缺口疲劳试件不同参量云图

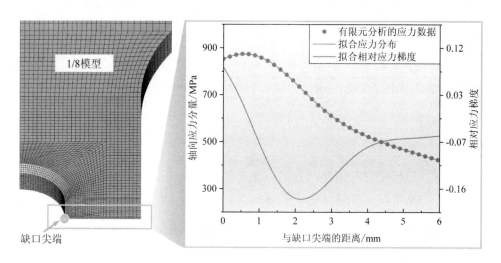

**图 5-12   356.54 MPa 名义应力下 100% 比例 TA19 合金缺口疲劳试件沿垂直于加载
方向指定路径的应力分量及相对应力梯度分布图**

不难看出，参照图 5-5 及有效应力法中关于四个区域的定义，基于图
5-12 可以很方便地识别出四个区域之间的边界。

最终基于图 5-6 所示的基于全域损伤理论的缺口结构概率疲劳寿命评估
通用框架的预测结果分别如图 5-13 和图 5-14 所示。另外，还计算了预测寿命的平均绝对误差，并与王荣桥等所提 LNV 模型[139]的预测结果做了对比，两种模型预测的平均绝对误差见表 5-7 所列。

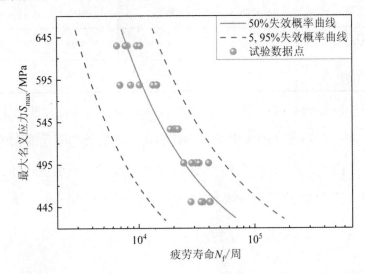

图 5-13 不同载荷下 100% 比例 TA19 合金缺口疲劳试件 P-S-N 曲线簇预测结果

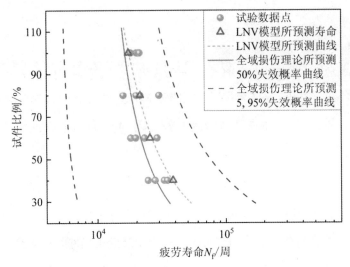

图 5-14 180 MPa 名义应力载荷下不同比例 TA19 合金缺口试件疲劳寿命预测结果

表 5-7 两种模型预测的平均绝对误差

单位：%

比例	100%	80%	60%	40%
LNV 模型	6.10	10.45	9.98	6.06
全域损伤理论	8.93	9.62	6.86	5.66

由图 5-13 和图 5-14 可知，所提模型预测的中位曲线较好地描述了 TA19 缺口试件随载荷和尺寸的变化规律，且曲线簇均有效包罗了散布的疲劳试验数据点。由表 5-7 可知，除 100% 比例 TA19 合金缺口疲劳试件外，其余三种比例缺口试件的模型预测平均绝对误差均小于 LNV 模型。

5.4 本章小结

针对多部位损伤特征下复杂工程结构的疲劳寿命预测需求，本章通过耦合威布尔概率回归模型、SWT 多轴疲劳模型及有效应力概念，整合全场损伤分布，建立了一种缺口结构概率疲劳寿命预测的全域损伤理论，相关结论如下。

①基于 EN-GJS-400-18-LT 延性铸铁和 RENE 80 镍基超合金疲劳试验数据，验证了威布尔概率回归模型描述疲劳数据分散特征及尺寸效应下疲劳性能传递规律的有效性；基于 TA19 合金和 P355NL1 钢疲劳试验数据，验证了 SWT 损伤参量关联疲劳寿命的有效性及其和威布尔概率回归模型搭配的可行性。

②分别用威布尔概率回归模型来描述疲劳数据分散性及尺寸效应，用 SWT 模型来描述多轴疲劳，用有效应力描述不均匀应力分布（缺口效

应）。将这三者耦合并整合全场损伤分布，建立了一种缺口结构概率疲劳寿命预测的全域损伤理论。

③基于不同比例、不同载荷水平下TA19合金缺口试件疲劳试验数据，验证了所提全域损伤理论的有效性，模型所预测的中位曲线较好地描述了TA19合金缺口试件疲劳寿命随载荷和尺寸的变化规律，且曲线簇实现了对散布疲劳试验数据点的有效包罗。据模型预测结果的平均绝对误差，所提模型总体优于LNV模型。

第六章

平均应力下缺口结构疲劳寿命预测

6.1 引言

　　航空发动机关键结构件在工作过程中需承受典型非对称载荷，因此，其疲劳行为会不可避免地受到平均应力效应不同程度的影响[167]。同时，由于应力集中的影响，结构疲劳破坏最常发生于几何形状不连续处。据此，有必要研究平均应力下缺口结构疲劳寿命预测模型，以满足结构强度设计和评定的理论需求。临界距离理论因其简便性和有效性，在缺口疲劳寿命预测模型中得到了广泛运用，但该模型所用应力参量对平均应力效应并不敏感。据此，本章提出了以能量为损伤参量的临界距离理论，并用非对称加载下GH4169合金缺口件的疲劳试验数据进行了模型验证。最后将所提模型应用于某型号航空发动机高压涡轮盘典型工况下的疲劳寿命预测。

6.2 基于能量参量的临界距离理论

6.2.1 临界距离理论

临界距离理论最初于20世纪中叶由Neuber提出，目的是计算材料和结构的疲劳强度[61]。为描述应力集中（缺口效应）对缺口结构疲劳抗性的影响，他将从"热点"出发的一定长度线段上的平均应力取为有效应力用于疲劳强度分析，后期该方法被归类为临界距离理论的线法。之后，Peterson[62]对线法做了简化，其不再取平均应力而是直接取距缺口根部一定距离的点处的应力作为有效应力。经试验数据验证，他发现该方法预测效果极佳，后期，该方法被命名为临界距离理论的点法。临界距离理论点法和线法的示意图如图6-1所示。

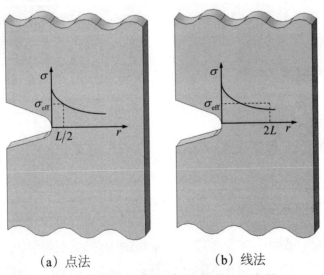

（a）点法 （b）线法

图6-1 临界距离理论点法和线法示意图

之后，Taylor[64]和Bellet等[63]又分别提出了面法和体法，即分别对面上和体内的应力取平均作为有效应力。上述四种方法在提出之时并无明确名称，最后的归类和命名由Taylor完成[64-65]。梳理后的表达式如下：

$$\sigma_{\text{eff}} = \begin{cases} \sigma(L/2) & （点法） \\ \dfrac{1}{2L}\displaystyle\int_0^{2L}\sigma(r)\mathrm{d}r & （线法） \\ \dfrac{2}{\pi(1.32L)^2}\displaystyle\int_{-\pi/2}^{\pi/2}\int_0^{1.32L}\sigma(r,\theta)r\mathrm{d}r\mathrm{d}\theta & （面法） \\ \dfrac{3}{2\pi(1.54L)^3}\displaystyle\int_0^{\pi}\int_{-\pi/2}^{\pi/2}\int_0^{1.54L}\sigma(r,\theta,\varphi)r^2\sin\theta\mathrm{d}r\mathrm{d}\theta\mathrm{d}\varphi & （体法） \end{cases} \qquad (6\text{-}1)$$

式中，σ_{eff}为有效应力；L为临界距离；r、θ和φ为球极坐标系坐标。

虽然临界距离理论在提出之初主要针对疲劳极限预测，但随着研究不断深入，其应用面也不断拓展，涌现出了诸多创新形式，可归纳为以下四个方面：①由疲劳强度分析[241]向疲劳寿命预测[75]拓展；②逐渐由线弹性分析[73]开放至弹塑性分析[242]；③临界距离由定值[67]转向与寿命及其他参数关联[243]；④损伤参量多样化，模型适用性增强[244-245]。

在式（6-1）所示临界距离理论原型中，所用损伤参量为应力。然而，在线弹性分析中，无论是应力幅值还是应力范围，抑或最大和最小应力作损伤参量，均无法有效描述平均应力的影响。尤其，在缺口疲劳分析中，受不均匀应力分布影响，应力水平较高的缺口根部会发生显著塑性变形，此时用弹塑性分析显然更加合理。

6.2.2　弹塑性有限元分析

基于临界距离理论进行结构疲劳强度分析需要提取给定路径上的应力-应变响应信息。据此，本小节以第三章中缺口件的试件尺寸、边界条件以及循环载荷等为输入，采用ANSYS的Mechanical APDL 19.0模块进行有限元仿真计算。

鉴于第三章中的GH4169合金C型和V型缺口疲劳试件均为循环对称结构，且其仅受轴向循环载荷作用，据此，为简化计算，建立了平面轴对称模型[116]。网格选用PLANE 183单元以提高计算精度。本构建模中塑性变形同样采用含3项背应力的Chaboche非线性随动硬化模型（式6-2）来描述，相关参数见表3-4所列。

$$\frac{\Delta\sigma}{2} = \sigma_0 + \sum_{i=1}^{3}\frac{C_i}{\gamma_i}\tanh\left(\gamma_i\frac{\Delta\varepsilon_p}{2}\right) \tag{6-2}$$

式中，σ_0 为屈服面尺寸；C_i ($i=1, 2, 3$) 为3项随动硬化模量；γ_i ($i=1, 2, 3$) 为对应3项随动硬化模量的下降率。

鉴于缺口部位的网格质量会直接影响疲劳寿命预测结果，故对缺口根部网格进行了加密[246]。仿真计算中，试件的边界条件与试验中的边界条件保持一致。为避免网格质量影响仿真结果，均进行了网格无关性分析。图6-2和图6-3依次展示了GH4169合金缺口疲劳试件在峰值载荷下的轴向应力分量云图和V型缺口试件根部在不同应力比下的首循环迟滞回线。

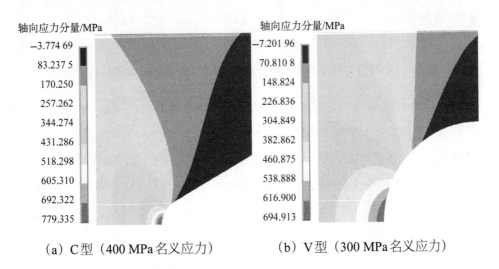

（a）C型（400 MPa名义应力）　　　（b）V型（300 MPa名义应力）

图6-2　GH4169合金缺口疲劳试件轴向应力分量云图

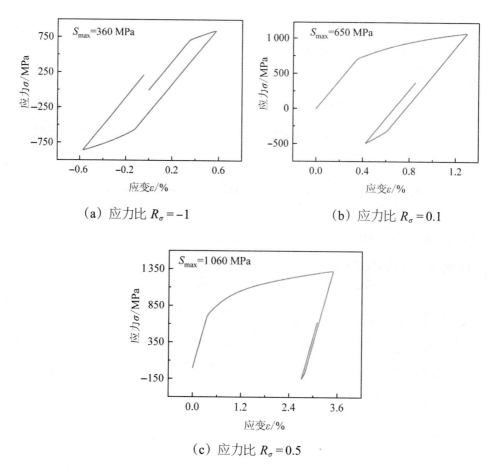

（a）应力比 $R_\sigma = -1$　　　　　（b）应力比 $R_\sigma = 0.1$

（c）应力比 $R_\sigma = 0.5$

图6-3　不同应力比下GH4169合金V型缺口试件根部首循环迟滞回线

由图6-2可知，基于所划分网格，即便在屈服后，C型和V型疲劳试件缺口根部附近应力等值线仍保持连续、光滑。由图6-3可知，基于所划分网格和所选用本构模型，可保证缺口根部应力–应变响应的稳定计算。

然而，弹塑性分析中，在不同应力水平下，应力分布难以保持单调。图6-4给出了对称加载下GH4169合金V型缺口件轴向（加载方向）应力分量（最大载荷对应子步）和总应变能密度分布。

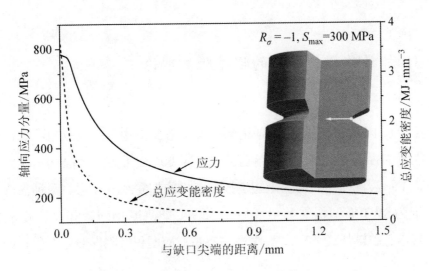

（a）300 MPa名义应力载荷

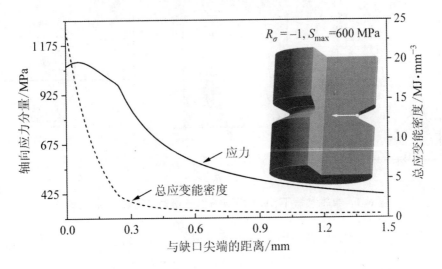

（b）600 MPa名义应力载荷

图6-4　对称加载下GH4169合金V型缺口件损伤参量分布图

由图6-4可知，随着载荷水平逐渐增大，应力分布不再单调，且最大应力点内移。此时，不便于基于循环迭代确定临界距离[73]。相较而言，总应变能密度在不同载荷水平下始终保持单调且光滑的下降趋势。

6.2.3 能量作损伤参量的临界距离理论

鉴于基于应力的临界距离理论原型无法考虑平均应力效应的影响，而基于能量的损伤参量通过综合考虑应力-应变历程可更好地描述平均应力效应，本章尝试提出一种基于能量损伤参量的临界距离理论。两种备选参量分别为SWT模型损伤参量（单位与应变能密度相同）和总应变能密度。其中，单轴加载下SWT模型损伤参量对应面积（阴影部分面积）如图6-5所示。

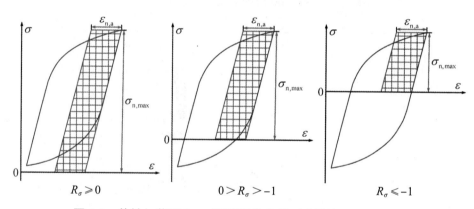

图6-5　单轴加载下SWT模型损伤参量对应面积（$\sigma_{n,max} > 0$）

除Ellyin提出的总应变能密度定义外[211]，本书前期通过调研相关文献，还收集到了以下几种总应变能密度的定义（图6-6）。值得指出的是，在对称载荷下，按包括Ellyin模型在内的六种模型所计算的总应变能密度相等，故基于不同总应变能定义所绘制的总应变能密度分布与图6-4一致。

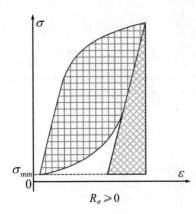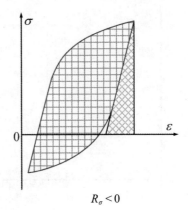

（a）Koh[247]

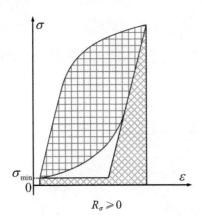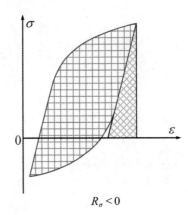

（b）蔺永诚等[248]

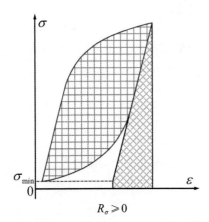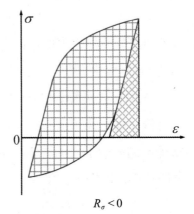

（c）Dallmeier等[249]

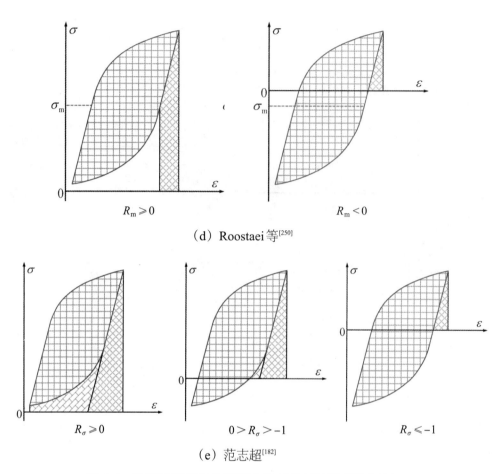

(d) Roostaei 等[250]

(e) 范志超[182]

图6-6　总应变能密度的不同定义（所有阴影面积之和）

据前述总应变能密度的不同定义及SWT损伤参量计算的不同应力比下GH4169合金V型缺口疲劳试件沿图6-4所示径向路径的损伤参量分布如图6-7所示。由图6-7可知，六种总应变能密度的定义中仅有Roostaei给出的定义满足沿径向路径单调平滑下降的要求。另外，SWT损伤参量也满足沿径向路径单调平滑下降的要求。据此，拟基于这两种损伤参量建立基于能量参量的临界距离理论。

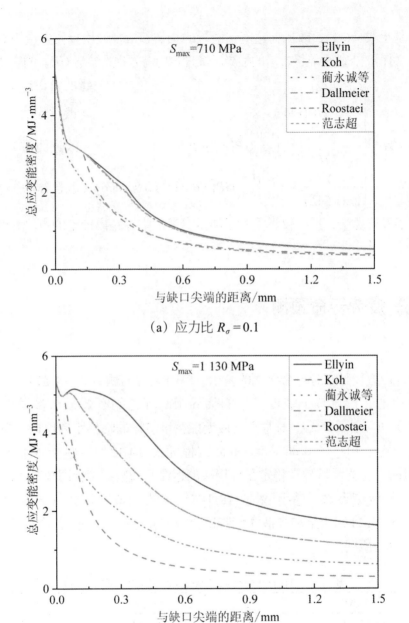

（a）应力比 $R_\sigma = 0.1$

（b）应比力 $R_\sigma = 0.5$

图6-7　不同应力比下GH4169合金V型缺口疲劳试件损伤参量分布（图6-4所示径向路径）

基于式（6-1），改用前述基于能量的损伤参量（通用损伤参量用 GP 表示），可得如下基于能量参量的临界距离理论中有效损伤参量 GP_{eff} 的表达式：

$$GP_{\mathrm{eff}} = \begin{cases} GP(L/2) & （\text{改进点法}） \\ \dfrac{1}{2L}\displaystyle\int_0^{2L} GP(r)\mathrm{d}r & （\text{改进线法}） \\ \dfrac{2}{\pi(1.32L)^2}\displaystyle\int_{-\pi/2}^{\pi/2}\int_0^{1.32L} GP(r,\theta)r\mathrm{d}r\mathrm{d}\theta & （\text{改进面法}） \\ \dfrac{3}{2\pi(1.54L)^3}\displaystyle\int_0^{\pi}\int_{-\pi/2}^{\pi/2}\int_0^{1.54L} GP(r,\theta,\varphi)r^2\sin\theta\,\mathrm{d}r\mathrm{d}\theta\mathrm{d}\varphi & （\text{改进体法}） \end{cases} \quad (6\text{-}3)$$

虑及计算量，后续仅讨论基于能量参量的临界距离理论的点法和线法。

6.3 疲劳寿命预测

寿命方程是疲劳寿命预测的基础。SWT 寿命方程［式（1-47）］已在第一章给出，可将基于能量参量的临界距离理论的有效损伤参量代入式（1-47）直接计算寿命。对基于总应变能密度参量的临界距离理论，拟用第四章所提通用总应变能密度–寿命方程［式（4-12）］。鉴于本书中没有 GH4169 合金光滑试件在稳定循环周次的迟滞回线数据拟合四个基于能量的（轴向）疲劳参数，参照文献[181]中给出的近似表达式（式 6-4）（经 Al 7075-T6511 铝合金和某锻铁疲劳试验数据验证有效）进行计算，所得参数见表 6-1 所列。

表 6-1　GH4169 合金基于能量的（轴向）疲劳参数

$E'_{\mathrm{e+,a}}$ /MPa	$b_{\mathrm{e+,a}}$	$E'_{\mathrm{p,a}}$	$c_{\mathrm{p,a}}$
5.985 1	−0.180	466.328	−0.670

$$\begin{cases} E'_{\mathrm{e+,a}} = \dfrac{(\sigma'_{\mathrm{f}})^2}{2E} \\ b_{\mathrm{e+,a}} = 2b \\ E'_{\mathrm{p,a}} = 4\sigma'_{\mathrm{f}}\varepsilon'_{\mathrm{f}}\left(\dfrac{c-b}{c+b}\right) \\ c_{\mathrm{p,a}} = b+c \end{cases} \quad (6\text{-}4)$$

接着，依次用基于能量参量的临界距离理论预测GH4169合金缺口疲劳试件和某型航空发动机高压涡轮盘的疲劳寿命。

6.3.1 缺口疲劳试件

用基于能量参量的临界距离理论预测对称加载下GH4169合金C型和V型缺口试件的疲劳寿命。结合沿图6-4所示径向路径能量分布和光滑件试验数据所得能量-寿命关系，可反推得到图6-8所示的GH4169合金缺口试件疲劳寿命与临界距离关系。其中，在分析V型缺口试件时未考虑明显离群数据（寿命最大的两个点）。

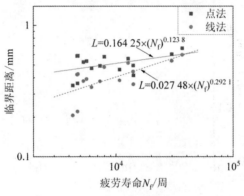

（a）C型，总应变能密度（Roostaei）

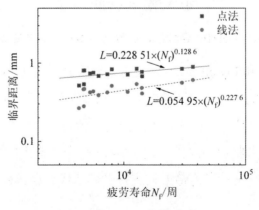

（b）C型，SWT损伤参量

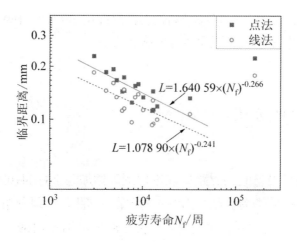

（c）V型，总应变能密度（Roostaei）

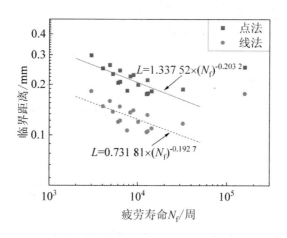

（d）V型，SWT损伤参量

图6-8　GH4169合金缺口试件疲劳寿命与临界距离关系

　　沿用Susmel和Taylor[73]所提的幂函数表达式［式（1-11）］来拟合疲劳寿命与临界距离的关系。由图6-8可知，C型缺口试件的临界距离与疲劳寿命呈正相关，V型缺口试件的临界距离与疲劳寿命呈负相关。将图6-8中所拟合的疲劳寿命和临界距离代入式（6-4）所示的基于能量参量的临界距离理论，并结合对应的疲劳寿命方程进行循环迭代计算，最终得到了如图6-9所示的预测结果。

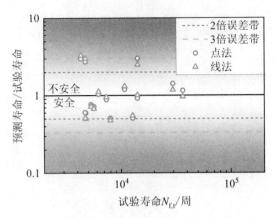

（a）C型，总应变能密度（Roostaei）

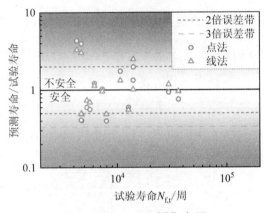

（b）C型，SWT损伤参量

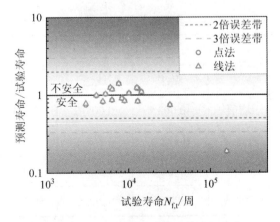

（c）V型，总应变能密度（Roostaei）

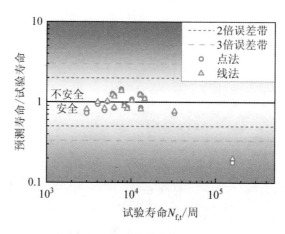

（d）V型，SWT损伤参量

图6-9　基于能量参量的临界距离理论预测GH4169合金缺口试件寿命误差图

为对比基于Roostaei总应变能密度和SWT损伤参量的临界距离理论的预测效果，据式（3-4）计算了误差的均值和标准差（表6-2）。

总体来看，任意方法、任意损伤参量下，C型缺口试件疲劳寿命预测误差的标准差均大于V型缺口试件，这系试件间疲劳试验数据的本征分散性差异所致。由图3-7可知，任选相同中位寿命区间，C型缺口试件疲劳寿命分散性明显小于V型缺口试件，因为V型缺口试件缺口根部应力更高而更易触发裂纹萌生。

表6-2　基于能量参量的临界距离理论预测误差统计

损伤参量	项目	C型		V型	
		点法	线法	点法	线法
Roostaei总应变能密度	均值	−0.003 1	0.008 6	−0.044 8	−0.041 6
	标准差	0.323 9	0.267 1	0.196 3	0.180 8
SWT损伤参量	均值	0.008 6	0.014 5	−0.044 3	−0.043 0
	标准差	0.271 9	0.265 2	0.189 2	0.187 8

实际中，诸多因素共同导致了疲劳试验数据的分散性，包括材料不均匀性、试件加工质量（尤其是表面粗糙度）及尺寸差异、试验载荷控制精度、试验环境（温度、湿度等）及其他因素的变化等。相较光滑件，缺口件疲劳失效基本发生在高应力水平的缺口根部，材料不均匀性及试件加工质量等因素对其疲劳寿命的影响相对较小。因此，缺口件的寿命分散性小于光滑件，这一规律在《中国航空材料手册》[12]中给出的多种材料的疲劳试验数据有体现。

同样，应力集中系数较小的缺口件疲劳试验数据的分散性也大于应力集中系数较大的缺口件。分散性较大的疲劳试验数据显然不便于总结临界距离与疲劳寿命的关系，因此，Taylor[251]和Askes等[252]均建议基于应力集中较严重的缺口件的试验数据确定临界距离。据此，后面将基于V型试件的疲劳试验数据研究疲劳寿命与临界距离的关系。就点法和线法的效果而言，两种形状试件、两种损伤参量下的预测误差统计的标准差，线法均小于点法。就预测误差统计均值而言，点法和线法的均值基本处于同一量级，相差很小。据此，后面仅用线法。

就Roostaei总应变能密度和SWT损伤参量的预测效果而言，除C型缺口试件用点法时，基于SWT损伤参量的临界距离理论预测寿命误差的标准差明显小于基于Roostaei总应变能密度的临界距离理论外，其余并无显著差异。

结合不同应力比下V型缺口试件沿径向路径的能量分布和光滑件试验数据所得能量–寿命关系，可反推得到如图6-10所示的疲劳寿命与临界距离关系（非对称载荷下，疲劳寿命与临界距离关系的拟合式在后面给出）。

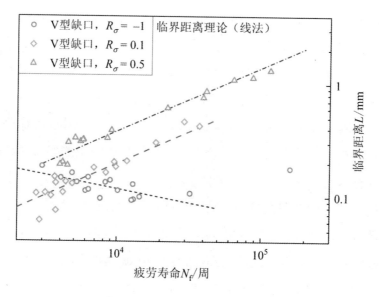

（a）总应变能密度（Roostaei）

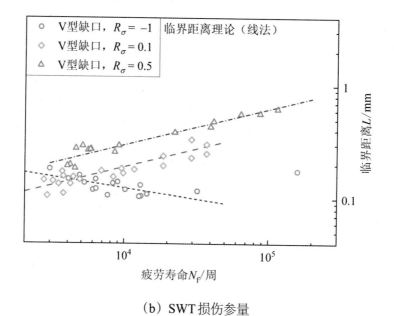

（b）SWT损伤参量

图6-10　不同应力比下GH4169合金V型缺口试件疲劳寿命与临界距离关系

由图6-10可知，对称载荷下（$R_\sigma = -1$时），当寿命较小时，临界距离随疲劳寿命的增大而减小；而当寿命较大时，临界距离又呈现出随疲劳寿命的增大而增大的趋势。尤其，在 20 000 周次以上部分，由于数据点较少，难以判断对称载荷下，这一区间内疲劳寿命与临界距离的关系未保持单调是否是由于不确定性所致。而在 $R_\sigma =0.1$ 和 $R_\sigma =0.5$ 两种情况下，临界距离均整体呈现随疲劳寿命的增大而增大的趋势。

鉴于航空发动机高压涡轮盘在三种典型服役工况下的应力比均应大于 0，且 $R_\sigma =-1$ 时疲劳寿命与临界距离的关系整体上并不单调（在寿命较低的部分的单调性与 $R_\sigma =0.1$ 和 $R_\sigma =0.5$ 两种情况的单调性相反），仅基于 $R_\sigma =0.1$ 和 $R_\sigma =0.5$ 两种应力比下的数据，确定平均应力下疲劳寿命与临界距离的关系，以用于后续高压涡轮盘寿命预测。

注意到图 6-10 中 $R_\sigma =0.1$ 和 $R_\sigma =0.5$ 两种应力比下疲劳寿命与临界距离关系在双对数坐标下斜率基本一致，据此，假设两者的斜率相同并拟合了两个应力比下疲劳寿命与临界距离的关系，两种损伤参量下的拟合结果如下：

Roostaei 总应变能密度：

$$\begin{cases} \lg L = 0.565\,2 \cdot \lg N_f - 2.966\,0 & \left(R_\sigma = 0.1 \right) \\ \lg L = 0.565\,2 \cdot \lg N_f - 2.680\,1 & \left(R_\sigma = 0.5 \right) \end{cases} \quad (6\text{-}5)$$

SWT 损伤参量：

$$\begin{cases} \lg L = 0.321\,3 \cdot \lg N_f - 2.004\,5 & \left(R_\sigma = 0.1 \right) \\ \lg L = 0.321\,3 \cdot \lg N_f - 1.811\,0 & \left(R_\sigma = 0.5 \right) \end{cases} \quad (6\text{-}6)$$

拟合线已在图 6-10 中绘出。据式（6-5）和式（6-6）中疲劳寿命与临界距离关系代入对应的基于能量参量的临界距离理论，并预测的疲劳寿命，最终得到如图 6-11 所示的预测结果。

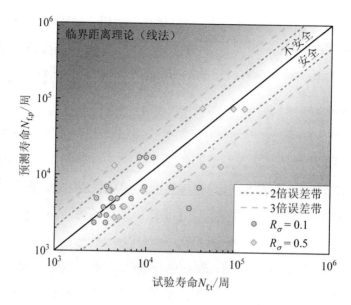

（a）总应变能密度（Roostaei）

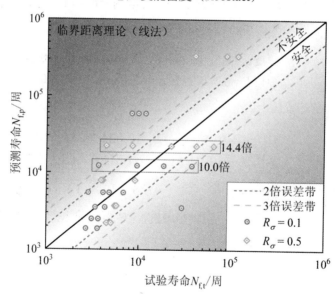

（b）SWT损伤参量

图6-11　基于能量参量的临界距离理论预测GH4169合金V型缺口试件寿命误差图

由图6-11可知，总体而言，在R_σ=0.1和R_σ=0.5两种应力比下，基于Roostaei总应变能密度较基于SWT损伤参量的临界距离理论预测效果更好、误差更小。据此，下一小节将采用基于Roostaei总应变能密度的临界距离理论的线法预测高压涡轮盘的疲劳寿命。同时，值得注意的是，即便在重复试验中，当R_σ=0.1和R_σ=0.5时，V型缺口试件的最大寿命与最小寿命比值分别可达10.0和14.4（图6-11）；而当R_σ=-1时，C型和V型缺口试件的最大寿命与最小寿命比值分别仅为3.25和1.70。

6.3.2 航空发动机高压涡轮盘

本小节将基于能量参量的临界距离理论用于某型号涡轮风扇发动机高压涡轮盘的寿命预测。某高压涡轮盘的典型工作载荷谱如图6-12所示，其包含"起动-最大-起动""慢车-最大-慢车"以及"巡航-最大-巡航"三种典型工况[253]。

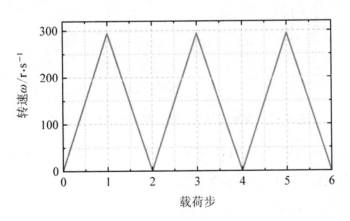

（a）起动-最大-起动

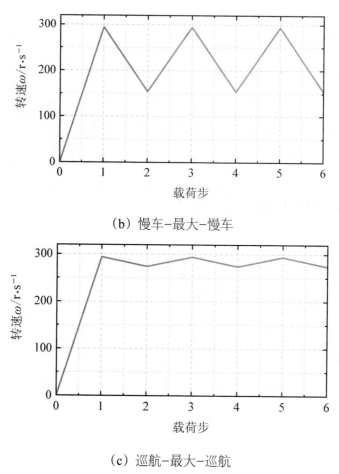

（b）慢车–最大–慢车

（c）巡航–最大–巡航

图6-12 某高压涡轮盘的三种典型工作载荷谱

该高压涡轮盘材料为GH4169镍基高温合金，密度为8.24 g/cm³；所配叶片材料为DD3镍基单晶高温合金，密度为8.20 g/cm³，叶片轴向与结晶方向与文献[1]方向相同[254]，相关材料参数详见文献[12]。图6-13为该高压涡轮盘模型。该高压涡轮盘圆周上含90个枞树型榫槽，用于工作叶片装配，并通过锁板固定。鉴于涡轮盘–叶片榫连结构特征循环对称，仅取其1/90进行有限元建模［图6-13（a）］以节省计算资源。需指出的是，高压涡轮盘在工作时整体温度并非定值，而是存在显著梯度温度场[255]，但本书未在其他温度下开展疲劳试验，故在仿真时整盘均按650 ℃下的材料性能定义。

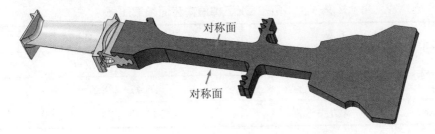

（a）轮盘–叶片榫连结构周期对称模型（1/90）

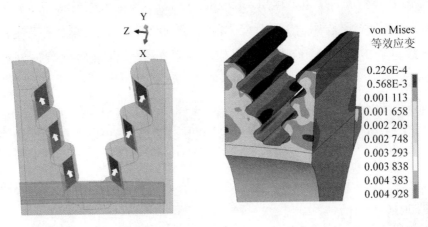

（b）榫槽内侧齿面压强加载示意图　　（c）最大转速下高压涡轮盘应变云图

图 6-13　某高压涡轮盘模型

在工作中，高压涡轮盘所受的离心力包括轮盘盘体自身的离心力和叶片的离心力。考虑到本小节所研究的对象为涡轮盘，且含空心气冷结构的叶片几何形貌极其复杂，网格划分和有限元仿真难度大。据此，参照文献[210]的做法用压强将叶片离心载荷施加在榫槽内侧的 6 个齿面上 ［图 6-13（b）］，压强 P_{blade} 按下式计算：

$$P_{\text{blade}} = \frac{m_{\text{blade}} r_{\text{g}} \omega^2}{S_{\text{total}} \cos \theta} \tag{6-7}$$

式中，m_{blade} 为单个叶片的质量；r_{g} 为叶片质心回转半径；ω 为转速；S_{total} 为 6 个受载齿面的面积之和；θ 为接触面与径向的夹角。P_{blade} 的计算结果见表 6-3 所列。

表6-3　不同工况下榫槽内齿面加载压强

工况	压强/MPa
起动−最大−起动	0−278.72−0
慢车−最大−慢车	76.47−278.72−76.47
巡航−最大−巡航	242.09−278.72−242.09

采用ANSYS Mechanical APDL 19.0模块进行有限元仿真计算。为保证计算精度，选用二阶20节点SOLID 186单元。本构建模的材料力学参数见表3-2；塑性变形选用含3项背应力的Chaboche随动硬化模型来描述，相关参数见表3-4。计算前进行了网格无关性分析以保证后续数据处理的有效性。

除转速、榫槽内侧齿面压强及2个轮盘周向端面循环对称约束外，另需在盘心底部施加周向约束、在左侧端面施加轴向约束以完善边界条件定义。据图6-12所示载荷谱进行有限元仿真计算，最终得到了慢车、巡航和最大三种转速下的稳定循环响应，其中，最大转速下von Mises等效总应变云图如图6-13（c）所示。

结果显示，三种转速下危险点均在最内侧齿根处。经计算，三种典型工况下该点损伤参量最大。据此，基于该点附近的循环应力−应变响应来计算疲劳寿命。鉴于前述试验中应力比（$R_\sigma = 0.1$ 和 $R_\sigma = 0.5$）与三种工况下高压涡轮盘危险部位的应力比均不同，这里通过差值获取相应应力比下寿命与临界距离关系：

$$\lg L = 0.321\,3 \cdot \lg N_f + \left[\frac{(-1.811\,0) - (-2.004\,5)}{(0.5 - 0.1)} \cdot (R_\sigma - 0.1) + (-2.004\,5) \right]$$
$$= 0.321\,3 \cdot \lg N_f + 0.483\,75 \cdot R_\sigma + 1.956\,125 \tag{6-8}$$

在用基于能量的临界距离理论时，危险点取Roostaei总应变能密度最大的点，并取Roostaei总应变能密度下降最快（能量梯度最大）的路径。最终，结合高压涡轮盘榫槽危险点附近应力−应变响应信息，用基于Roostaei总应变能密度参量的临界距离理论预测的不同工况下高压涡轮盘疲劳寿命结果见表6-4所列。

表6-4　不同工况下高压涡轮盘疲劳寿命预测结果

工况	疲劳寿命/周
起动−最大−起动	69 024
慢车−最大−慢车	2 851 018
巡航−最大−巡航	$>10^{12}$

值得指出的是，前期试验研究显示GH4169合金并无显著尺寸效应。图6-14为尺寸效应下GH4169合金V型缺口件疲劳试验数据，该图中的试件中部缺口特征的所有几何尺寸均为按照图3-10所示尺寸成比例放缩。该试件对应图6-14所示的75%比例试件，其余两试件中部缺口尺寸如图6-15所示。鉴于试验所设计的GH4169合金V型缺口试件的缺口尺寸和本章所研究高压涡轮盘结构齿根尺寸差别不大，故用基于能量参量的临界距离理论预测疲劳寿命时并未考虑尺寸效应的影响。同时，业界同行的疲劳试验结果也佐证了该结论[256]。

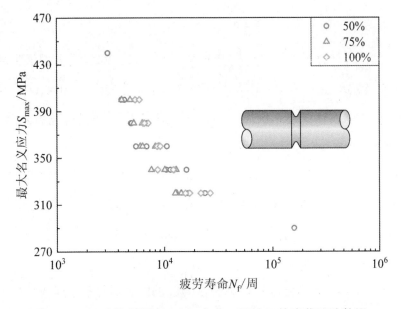

图6-14　尺寸效应下GH4169合金V型缺口件疲劳试验数据

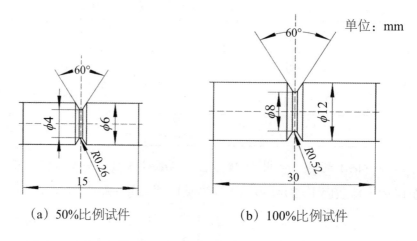

（a）50%比例试件　　　　　（b）100%比例试件

图6-15　GH4169合金不同比例V型缺口疲劳试件尺寸

6.4　本章小结

　　围绕平均应力下缺口结构疲劳寿命预测需求，本章提出了基于能量参量的临界距离理论，拓展了其应用范畴并用不同应力比下GH4169合金缺口试件疲劳试验数据验证，最后将所提模型用于高压涡轮盘疲劳寿命预测，相关结论如下。

　　①针对临界距离理论中应力参量无法考虑平均应力效应的问题，提出了基于能量参量的临界距离理论，结合有限元分析探讨了不同能量参量的有效性，并最终选定了Roostaei总应变能密度和SWT参量作为备选。

　　②基于GH4169合金缺口件疲劳试验数据，对两种基于能量参量的临界距离理论进行了对比验证，发现在对称载荷下用Roostaei总应变能密度和

SWT参量预测的效果差别不大，而在非对称载荷下，用Roostaei总应变能密度的预测效果更佳。

③对高压涡轮盘进行了有限元分析，发现三种典型工况下，危险部位始终在最内侧齿根，据此提取根部应力-应变响应信息，并用基于Roostaei总应变能密度参量的临界距离理论预测了高压涡轮盘的疲劳寿命。

第七章

总结与展望

7.1 研究总结

聚焦疲劳中的科学研究和工程设计两个层面的串联问题，本书以缺口结构为研究对象，融合尺寸效应、平均应力效应和概率疲劳等因素，贯穿试验研究、理论建模和结构应用，搭建了串联材料研究与结构设计的疲劳强度理论模型与分析框架，该框架满足了工程结构疲劳强度鲁棒设计与可靠评定的需求，主要结论汇报如下。

（1）明确了尺寸效应对缺口结构疲劳损伤演化的作用机理

设计并开展了航空用 Al 7075-T6511 合金光滑件及不同比例缺口件疲劳试验，研究了尺寸效应对缺口结构疲劳失效进程的作用，探明了该合金在不同载荷水平下的失效机理，明确了光滑件和缺口件疲劳失效过程中整体响应保持稳定末期对应的寿命分数，基于扫描电镜分析断面，研究了辉纹间距随试件比例变化的总体趋势，获取了尺寸效应影响缺口件应力分布，进而影响其疲劳强度的微观证据。

（2）探明了平均应力效应对缺口结构疲劳强度的影响规律

设计并开展了不同应力比下盘用GH4169合金缺口件疲劳试验，研究了平均应力效应对缺口结构疲劳失效行为的影响，进行了断面微结构分析，明确了不同载荷水平下GH4169合金缺口件失效机理，探讨了Walker和改进Walker应力–寿命模型关联不同应力比下缺口疲劳试验数据的能力。

（3）构建了通用总应变能密度–寿命方程并发展了概率能量场强法

提出了一种通用总应变能密度–寿命方程及确定相关模型参数的标准流程，并用Al 7075-T6511合金及某锻铁疲劳试验数据进行了验证，建立了能量场强法并引入有效损伤区体积比修正了尺寸效应的影响，适用于失效位置相对固定的缺口疲劳场景，提取Al 7075-T6511合金疲劳试验数据分散特征对能量场强法进行了概率化处理，经不同比例/载荷水平下缺口疲劳试验数据验证有效。

（4）建立了尺寸效应下缺口结构概率疲劳寿命预测的全域损伤模型

建立了一种缺口结构概率疲劳寿命预测的全域损伤理论，综合考虑了缺口效应、尺寸效应、多轴疲劳和数据分散的影响，满足了多部位损伤特征下复杂工程结构设计需求，基于不同尺寸光滑件疲劳试验数据验证了所提模型描述疲劳性能尺寸效应及数据分散性的能力，用TA19合金缺口试件疲劳试验数据验证了所提模型描述疲劳寿命及其分散性随载荷和尺寸变化规律的有效性。

（5）提出了应变能为参量的临界距离模型并用于高压涡轮盘疲劳寿命预测

确定了任意应力比下均可稳定描述损伤分布的应变能损伤参量，据此发展了基于能量参量的临界距离模型，满足了平均应力下缺口结构疲劳寿命预测需求，经GH4169合金缺口试件疲劳试验数据验证有效，在三种典型工况下对某型发动机高压涡轮盘开展了有限元分析，明确了其疲劳损伤敏感部位，提取危险点附近循环响应并用所提模型预测了高压涡轮盘疲劳寿命。

7.2 研究展望

针对缺口效应这一影响工程结构疲劳评估定寿精度的主要矛盾，同时虑及尺寸效应、平均应力效应和概率疲劳的重要影响，本书基于航空用Al 7075-T6511合金和发动机高压涡轮盘用GH4169镍基合金，分别设计了尺寸效应下缺口疲劳试验及平均应力下缺口疲劳试验，据此探明了缺口效应、尺寸效应及平均应力效应作用机理，建立了尺寸效应下缺口结构疲劳寿命预测的能量场强法和全域损伤理论及平均应力下缺口结构疲劳寿命预测的基于应变能参量的临界距离理论，为复杂工程缺口结构疲劳分析与寿命预测提供了重要理论和方法支撑。但是，仍有研究工作有待后续进一步完善，具体包括以下方面。

（1）提出多轴载荷作用下的通用总应变能密度-寿命方程并试验验证

本文第四章提出了一种通用总应变能密度-寿命方程，并给出了确定能量相关疲劳参数的标准流程，通过两种材料的单轴疲劳试验数据验证了其有效性。但是，在现代工程中，多轴载荷普遍存在，尤其是对缺口结构而言，多轴载荷和应力集中耦合下的循环应力-应变响应和与之相应的疲劳损伤机理更加复杂。据此，有必要发展多轴载荷作用下的通用总应变能密度-寿命方程，关联比例/非比例加载下的疲劳损伤演化过程，提升所提能量场强法在复杂载荷下的适用性。

（2）提出裂纹萌生和扩展过程通用损伤参量，建立全寿命周期疲劳模型

疲劳失效过程通常包括裂纹萌生、稳定扩展和失稳扩展三个阶段。多数情况下，裂纹失稳扩展所占的循环周次可忽略不计。本书疲劳试验整体响应保持稳定末期对应的寿命分数为90%，在分析时直接将裂纹萌生寿命视为总寿命。但是，在实际工程结构中，情况未必如此，裂纹萌生和扩

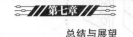

展的寿命分数也存在差异，甚至会因裂纹闭合效应导致裂纹止滞。此外，低周和高周（超高周）的占比亦不相同。为充分利用结构的剩余强度，有必要建立工程结构疲劳失效的全寿命周期（裂纹萌生+稳定扩展）模型[257]。

（3）建立系统级疲劳模型，将疲劳可靠性纳入整机系统可靠性设计环节

机械结构作为由若干部件组合而成的系统，当某个部件逐渐破坏时，其局部应力-应变响应也将随之而改变，从而导致整个结构的整体响应与设计值出现偏差，最终导致其余部件也产生一定损伤。目前，围绕系统级疲劳可靠性分析的研究工作并未引起足够重视，研究重点仍集中在单一关键部件的疲劳失效机理。在结构可靠性分析中，不仅要合理评价部件的可靠性指标，而且维持整个机械系统的可靠性在较高水平也是结构疲劳强度可靠性设计的重要要求。

参考文献

[1] SMITH I F C. Applying fatigue research to engineering design[M]//Miller K J, Rios E R D L. The Behaviour of Short Fatigue Cracks. London: Mechanical Engineering Publications Limited, 1986: 15-26.

[2] LI D H, SHANG D G, CUI J, et al. Fatigue-oxidation-creep damage model under axial-torsional thermo-mechanical loading[J]. International Journal of Damage Mechanics, 2020, 29(5): 810-830.

[3] ZHU S P, YU Z Y, CORREIA J A F D O, et al. Evaluation and comparison of critical plane criteria for multiaxial fatigue analysis of ductile and brittle materials[J]. International Journal of Fatigue, 2018, 112: 279-288.

[4] XU Z W, LIU A, WANG X S, et al. Fatigue limit prediction model and fatigue crack growth mechanism for selective laser melting Ti6Al4V samples with inherent defects[J]. International Journal of Fatigue, 2021, 143: 106008.

[5] LI K S, WANG R Z, WANG J, et al. Investigation of creep-fatigue crack initiation by using an optimal dual-scale modelling approach[J]. International Journal of Fatigue, 2023, 172: 107621.

[6] LIAO D, ZHU S P, CORREIA J A F D O, et al. Computational framework for multiaxial fatigue life prediction of compressor discs considering notch effects[J]. Engineering Fracture Mechanics, 2018, 202: 423-435.

[7] BUCH A. Effect of mean stress on the notch factor in fatigue[C]. The 5th European Conference on Fracture, Lisbon, Portugal, 1984: 327-333.

[8] 徐友坤. 基于临界距离法的含缺陷铁路车轴疲劳强度预测[D]. 成都: 西南交通大学, 2021.

[9] LIAO D, ZHU S P, CORREIA J A F D O, et al. Recent advances on notch effects in metal fatigue: a review[J]. Fatigue & Fracture of Engineering Materials & Structures, 2020, 43(4): 637-659.

［10］李岩，李旭东，夏天翔，等.采用应力场强法对某型航空发动机压气机轮盘的疲劳寿命评估及试验研究［J］.工程力学，2016，33（7）：220-226.

［11］肖中图，史志刚，李春光，等.给水泵汽轮机动叶片微动磨损疲劳断裂的失效特征分析［J］.热力发电，2021，50（6）：157-162.

［12］《中国航空材料手册》编辑委员会.中国航空材料手册，第2卷：变形高温合金铸造高温合金［S］.2版.北京：中国标准出版社，2002.

［13］罗鹏.金属缺口件多轴疲劳寿命预测的缺口临界面法［D］.南京：南京航空航天大学，2020.

［14］王润梓，廖鼎，张显程，等.高温结构蠕变疲劳寿命设计方法：从材料到结构［J］.机械工程学报，2021，57（16）：66-86+105.

［15］姚卫星.结构疲劳寿命分析［M］.北京：科学出版社，2019.

［16］MÄDE L，SCHMITZ S，GOTTSCHALK H，et al. Combined notch and size effect modeling in a local probabilistic approach for LCF［J］. Computational Materials Science，2018，142：377-388.

［17］MÄDE L，KUMAR K，SCHMITZ S，et al. Evaluation of component-similar rotor steel specimens with a local probabilistic approach for LCF［J］. Fatigue & Fracture of Engineering Materials & Structures，2019，43（5）：932-946.

［18］SOCIE D F. Probabilistic Aspects of Fatigue［R］. Urbana：University of Illinois at Urbana-Champaign，2003.

［19］KUHN P，HARDRAT F H. An engineering method for estimating notch size effect in fatigue tests on steel［R］. Washinton：The National Aeronautics and Space Administration，1952.

［20］PILKEY W D，PILKEY D F. Peterson's Stress Concentration Factors［M］. 3rd ed. Hoboken：John Wiley & Sons，Inc.，2008.

［21］PETERSON R E. Stress concentration factors［M］. New York：Wiley，1974.

［22］MÄDE L，GOTTSCHALK H，Schmitz S，et al. Probabilistic LCF risk evaluation of a turbine vane by combined size effect and notch support modeling［C］. ASME Turbo Expo 2017：Turbomachinery Technical Conference and Exposition，Charlotte，USA，2017：1-9.

[23] BUCH A. Fatigue Strength Calculation [M]. Zürich：Trans Tech Publications，1988.

[24] 航空航天工业部科学技术研究院. 应变疲劳分析手册[M]. 北京：科学出版社，1991.

[25] 赵少汴，王忠保. 疲劳设计[M]. 北京，1992.

[26] 石亮，魏大盛，王延荣. 考虑应力梯度的轮盘疲劳寿命预测[J]. 航空动力学报，2013，28(6)：1236-1242.

[27] SPAGGIARI A, CASTAGNETTI D, DRAGONI E, et al. The use of the theory of critical distance and the stress-gradient approach in the fatigue life estimation of notched components[J]. Proceedings of the Institution of Mechanical Engineers，Part L：Journal of Materials：Design and Applications，2016，230(3)：735-747.

[28] YE W L, ZHU S P, NIU X P, et al. Fatigue life prediction of notched components under size effect using stress gradient-based approach[J]. International Journal of Fracture，2022，121：103519.

[29] LUO P, YAO W X, WANG Y Y, et al. A survey on fatigue life analysis approaches for metallic notched components under multi-axial loading[J]. Proceedings of the Institution of Mechanical Engineers，Part G：Journal of Aerospace Engineering，2018，233(10)：3870-3890.

[30] NAVATHE P R. Evaluation of local stress-strain methods[D]. Regina，Canada：University of Regina，1997.

[31] KUJAWSKI D. Estimations of stress intensity factors for small cracks at notches [J]. Fatigue & Fracture of Engineering Materials & Structures，1991，14(10)：953-965.

[32] TAYLOR D. The theory of critical distances：A history and a new definition[J]. Structural Durability & Health Monitoring，2006，2(1)：1-10.

[33] TAYLOR G W H. An Experimental Investigation of an Ultimate Load Theory for the Design of Reinforced Concrete Arches[D]. London，UK：Battersea College of Technology，1959.

［34］DOWLING N E. A discussion of methods for estimating fatigue life［J］. SAE Transactions, 1982, 91(3): 2370-2383.

［35］HU Q, XU H. Two-parameter nominal stress approach［J］. International Journal of Fatigue, 1995, 17(5): 339-341.

［36］胡俏, 谢里阳, 徐灏. 双参数名义应力法［J］. 航空学报, 1993, 14(10): B500-B502.

［37］史斯佃. 应力严重系数法在直升机主桨叶寿命评估中的应用［J］. 直升机技术, 2003(134): 12-15.

［38］华一畅, 姚卫星, 黄杰. 连接件振动疲劳寿命分析的应力严重系数法［J］. 振动、测试与诊断, 2023, 43(2): 349-354+413.

［39］郑晓玲, 鲍蕊, 费斌军. 含相似多细节结构的构件疲劳额定系数研究［J］. 机械强度, 2009, 31(1): 128-131.

［40］张成成, 姚卫星, 叶彬. 连接件疲劳寿命分析的等效 SSF 法［J］. 航空学报, 2009, 30(2): 271-275.

［41］GOUGH H J, POLLARD H V. The strength of metals under combined alternating stresses［J］. Proceedings of the Institution of Mechanical Engineers, 2007, 131: 3-103.

［42］SONSINO C M. Multiaxial fatigue of welded joints under in-phase and out-of-phase local strains and stresses［J］. International Journal of Fatigue, 1995, 17(1): 55-70.

［43］吴文涛, 王英玉. 一种新的多轴缺口疲劳寿命预测方法［J］. 江苏航空, 2014(3): 18-22.

［44］FREUDENTHAL A M, GUMBEL E J. Physical and Statistical Aspects of Fatigue［J］. Advances in Applied Mechanics, 1956, 4: 117-158.

［45］SUTTON M A, YAN J H, TIWARI V, et al. The effect of out-of-plane motion on 2D and 3D digital image correlation measurements［J］. Optics and Lasers in Engineering, 2008, 46(10): 746-757.

［46］LIEW H L, AHMAD A, RAMESH S, et al. Notch root strain measurement of WE43-T6 magnesium alloy using electronic speckle pattern interferometry［J］. Materials and Design, 2013, 51: 206-211.

[47] HORAS C S, DE JESUS A M P, CALCADA R A B. Efficient progressive glob-al-local fatigue assessment methodology for existing metallic railway bridges[J]. Journal of Constructional Steel Research, 2022, 196: 107431.

[48] INCE A, GLINKA G. Innovative computational modeling of multiaxial fatigue analysis for notched components[J]. International Journal of Fatigue, 2016, 82: 134-145.

[49] TAO Z Q, SHANG D G, SUN Y J. New pseudo stress correction method for esti-mating local strains at notch under multiaxial cyclic loading[J]. International Jour-nal of Fatigue, 2017, 103: 280-293.

[50] NEUBER H. Theory of stress concentration for shear-strained prismatical bodies with arbitrary nonlinear stress-strain law[J]. Journal of Applied Mechanics, 1961, 28(4): 544-550.

[51] TOPPER T H, WETZEL R M, MORROW J D. Neuber's rule applied to fatigue of notched specimens[J]. Journal of Materials, 1969, 4(1): 200-209.

[52] MOFTAKHAR A, BUCZYNSKI A, GLINKA G. Calculation of elasto-plastic strains and stresses in notches under multiaxial loading[J]. International Journal of Fracture, 1994, 70(4): 357-373.

[53] MOLSKI K, GLINKA G. A method of elastic-plastic stress and strain calculation at a notch root[J]. Materials Science and Engineering, 1981, 50(1): 93-100.

[54] SINGH M N K, GLINKA G, DUBEY R N. Elastic-plastic stress-strain calcula-tion in notched bodies subjected to non-proportional loading[J]. International Jour-nal of Fracture, 1996, 76(1): 39-60.

[55] LIM J Y, HONG S G, LEE S B. Application of local stress-strain approaches in the prediction of fatigue crack initiation life for cyclically non-stabilized and non-Masing steel [J]. International Journal of Fatigue, 2005, 27 (10-12): 1653-1660.

[56] BUCZYNSKI A, GLINKA G. Elastic-plastic stress-strain analysis of notches un-der non-proportional loading paths[C]. International Conference on the Mechani-cal Behaviour of Materials, Victoria, Canada, 1999.

［57］INCE A, GLINKA G. A numerical method for elasto-plastic notch-root stress-strain analysis［J］. Journal of Strain Analysis for Engineering Design, 2013, 48（4）: 229-244.

［58］GATES N R, FATEMI A. Notched fatigue behavior and stress analysis under multi-axial states of stress［J］. International Journal of Fatigue, 2014, 67: 2-14.

［59］陶志强. 多轴变幅载荷下缺口件疲劳寿命预测方法研究［D］. 北京: 北京工业大学, 2018.

［60］TING J C, LAWRENCE F V J. A crack closure model for predicting the threshold stresses of notches［J］. Fatigue & Fracture of Engineering Materials & Structures, 1993, 16（1）: 93-114.

［61］NEUBER H. Theory of notch stresses: Principles for exact calculation of strength with reference to structural form and material［M］. 2nd ed. Oak Ridge: USAEC Office of Technical Information, 1958.

［62］PETERSON R E. Notch sensitivity［M］//Sines G, Waisman J L. Metal fatigue. New York: McGraw-Hill, 1959: 293-306.

［63］BELLETT D, TAYLOR D, MARCO S, et al. The fatigue behaviour of three-dimensional stress concentrations［J］. International Journal of Fatigue, 2005, 27（3）: 207-221.

［64］TAYLOR D. Geometrical effects in fatigue: a unifying theoretical model［J］. International Journal of Fatigue, 1999, 21（5）: 413-420.

［65］TAYLOR D. The theory of critical distances［J］. Engineering Fracture Mechanics, 2008, 75: 1696-1705.

［66］沈训梁. 基于应力和能量准则耦合的缺口疲劳极限评估方法研究［D］. 成都: 西南交通大学, 2023.

［67］SUSMEL L. A unifying approach to estimate the high-cycle fatigue strength of notched components subjected to both uniaxial and multiaxial cyclic loadings［J］. Fatigue & Fracture of Engineering Materials & Structures, 2004, 27（5）: 391-411.

［68］SUSMEL L, TAYLOR D. Can the conventional high-cycle multiaxial fatigue criteria be re-interpreted in terms of the theory of critical distances?[J]. Structural Durability & Health Monitoring, 2006, 2(2): 91-108.

[69] CASTRO F C, ARAÚJO J A A, ZOUAIN N. On the application of multiaxial high-cycle fatigue criteria using the theory of critical distances [J]. Engineering Fracture Mechanics, 2009, 76(4): 512-524.

[70] FATEMI A, SOCIE D F. A critical plane approach to multiaxial fatigue damage including out-phase loading [J]. Fatigue & Fracture of Engineering Materials & Structures, 1988, 11(3): 149-165.

[71] LIAO D, ZHU S P, QIAN G A. Multiaxial fatigue analysis of notched components using combined critical plane and critical distance approach[J]. International Journal of Mechanical Sciences, 2019, 160: 38-50.

[72] TANAKA K. Engineering formula for fatigue strength reduction due to crack-like notches[J]. International Journal of Fracture, 1983, 22: R39-R46.

[73] SUSMEL L, TAYLOR D. A novel formulation of the theory of critical distances to estimate lifetime of notched components in the medium-cycle fatigue regime [J]. Fatigue & Fracture of Engineering Materials & Structures, 2007, 30(7): 567-581.

[74] 廖鼎, 朱顺鹏, 高杰维, 等. 耦合临界平面-临界距离理论的缺口结构疲劳寿命预测[J]. 机械强度, 2023, 45(2): 454-461.

[75] LIAO D, GAO J W, ZHU S P, et al. Fatigue behaviour of EA4T notched specimens: experiments and predictions using the theory of critical distance [J]. Engineering Fracture Mechanics, 2023: 109269.

[76] SUSMEL L, TAYLOR D. An elasto-plastic reformulation of the theory of critical distances to estimate lifetime of notched components failing in the low/medium-cycle fatigue regime [J]. Journal of Engineering Materials and Technology, 2010, 132(2): 0210021-0210028.

[77] HE J C, ZHU S P, TADDESSE A T, et al. Evaluation of critical distance, highly stressed volume, and weakest-link methods in notch fatigue analysis [J]. International Journal of Fatigue, 2022, 162: 106950.

［78］ TAYLOR D. The theory of critical distances: A new perspective in fracture mechanics［M］. Oxford: Elsevier, 2007.

［79］ SHEPPARD S D. Field effects in fatigue crack initiation: Long life fatigue strength ［J］. Journal of Mechanical Design, Transactions of the ASME, 1991, 113(2): 188-194.

［80］ 李玉春, 姚卫星, 温卫东. 应力场强法在多轴疲劳寿命估算中的应用［J］. 机械强度, 2002, 24(2): 258-561.

［81］ 尚德广, 王大康, 李明, 等. 随机疲劳寿命预测的局部应力应变场强法［J］. 机械工程学报, 2002, 38(1): 67-70.

［82］ HAO W Q, TAN L, YANG X G, et al. A physics-informed machine learning approach for notch fatigue evaluation of alloys used in aerospace［J］. International Journal of Fatigue, 2023, 170: 107536.

［83］ LI H, ZHANG J W, HU L K, et al. Notch fatigue life prediction of micro-shot peened 25CrMo4 alloy steel: A comparison between fracture mechanics and machine learning methods［J］. Engineering Fracture Mechanics, 2023, 277: 108992.

［84］ 郑楚鸿. 高周疲劳设计方法——应力场强法的研究［D］. 北京: 清华大学, 1984.

［85］ YAO W X. Stress field intensity approach for predicting fatigue life［J］. International Journal of Fatigue, 1993, 15(3): 246-246.

［86］ KADI N, GJONAJ M, PLUVINAGE G. Volumetric approach of fatigue failure of notched specimen［C］. COPERNICUS Annual Meeting, Miskolc, Hungary, 1997.

［87］ PLUVINAGE G. Hot spot and volumetric approaches to the high cycle fatigue of notched components ［J］. Technology, Law and Insurance, 1999, 4 (1-2): 145-153.

［88］ KRZYZAK D, ROBAK G, ŁAGODA T. Equivalent fatigue zone in a notched elements determined by use of non-local line method with weight function［J］. Solid State Phenomena, 2016, 250: 77-84.

［89］ QYLAFKU G, AZARI Z, KADI N, et al. Application of a new model proposal for fatigue life prediction on notches and key-seats［J］. International Journal of Fatigue, 1999, 21(8): 753-760.

［90］SHANG D G, WANG D K, LI M, et al. Local stress-strain field intensity approach to fatigue life prediction under random cyclic loading［J］. International Journal of Fatigue, 2001, 23(10): 903-910.

［91］LAZZARIN P, ZAMBARDI R. A finite-volume-energy based approach to predict the static and fatigue behavior of components with sharp V-shaped notches［J］. International Journal of Fracture, 2001, 112(3): 275-298.

［92］BERTO F, LAZZARIN P, YATES J R. Multiaxial fatigue of V-notched steel specimens: a non-conventional application of the local energy method［J］. Fatigue & Fracture of Engineering Materials & Structures, 2011, 34(11): 921-943.

［93］LIU X Y, SU T X, ZHANG Y, et al. A multiaxial high-cycle fatigue life evaluation model for notched structural components［J］. International Journal of Fatigue, 2015, 80: 443-448.

［94］袁善虎, 蒋洪德, 陈海燕, 等. 一种基于能量参数的非局部缺口疲劳寿命预测方法［J］. 推进技术, 2017, 38(3): 653-658.

［95］ZHU S P, LIU Y H, LIU Q, et al. Strain energy gradient-based LCF life prediction of turbine discs using critical distance concept［J］. International Journal of Fatigue, 2018, 113: 33-42.

［96］WANG R Q, LIU H, HU D Y, et al. Evaluation of notch size effect on LCF life of TA19 specimens based on the stress gradient modified critical distance method ［J］. Fatigue & Fracture of Engineering Materials & Structures, 2018, 41 (8): 1794-1809.

［97］BRANCO R, PRATES P A D, DA COSTA J D M, et al. Rapid assessment of multiaxial fatigue lifetime in notched components using an averaged strain energy density approach［J］. International Journal of Fatigue, 2019, 124: 89-98.

［98］LIAO D, ZHU S P. Energy field intensity approach for notch fatigue analysis［J］. International Journal of Fatigue, 2019, 127: 190-202.

［99］BRANCO R, COSTA J D M DA, BORREGO L F, et al. Notch fatigue analysis and life assessment using an energy field intensity approach in 7050-T6 aluminium

alloy under bending-torsion loading[J]. International Journal of Fatigue, 2022, 162: 106947.

[100] ZHAO B F, XIE L Y, SONG J X, et al. Fatigue life prediction of aero-engine compressor disk based on a new stress field intensity approach[J]. International Journal of Mechanical Sciences, 2020, 165: 105190.

[101] WU Y L, ZHU S P, HE J C, et al. Assessment of notch fatigue and size effect using stress field intensity approach[J]. International Journal of Fatigue, 2021, 149: 106279.

[102] ZHAO P, LU T Y, GONG J G, et al. A modified stress field intensity approach for fatigue life prediction of components[J]. Materials and Design, 2020, 190: 108537.

[103] KLOOS K H. Einfluss des Oberflächenzustandes und der Probengröße auf die Schwingfestigkeitseigenschaften[R]. VDI-Berichte No.268. 1976.

[104] SHIRANI M, HÄRKEGÅRD G. Fatigue life distribution and size effect in ductile cast iron for wind turbine components [J]. Engineering Failure Analysis, 2011, 18: 12-24.

[105] MARTÍNEZ J M G, ADRIANO V S R, ARAÚJO J A A, et al. Geometrical size effect in the fatigue life predictions of aluminum wires with micro holes using methods of the critical distance[J]. Engineering Fracture Mechanics, 2019, 209: 147-161.

[106] YAO S L, WANG G Y, YU H, et al. Influence of submerged micro-abrasive waterjet peening on surface integrity and fatigue performance of TA19 titanium alloy [J]. International Journal of Fatigue, 2022, 164: 107076.

[107] SINGH K, SADEGHI F, CORRENS M, et al. A microstructure based approach to model effects of surface roughness on tensile fatigue[J]. International Journal of Fatigue, 2019, 129: 105229.

[108] HERTEL O, VORMWALD M. Statistical and geometrical size effects in notched members based on weakest-link and short-crack modelling[J]. Engineering Fracture Mechanics, 2012, 95: 72-83.

［109］PEDERSEN M M. Introduction to Metal Fatigue[R]. Aarhus, 2018.

［110］HECKEL K, KÖHLER J, MÜNCHEN T. Experimentelle Untersuchung des statistischen Größeneinflusses im Dauerschwingversuch an ungekerbten Stahlproben[J]. Materialwissenschaft und Werkstofftechnik, 1975, 6(2): 52-54.

［111］LUO B, LECHNER G. Verification of reliability models with experiments on mechanical elements such as gear and steel wire[C]. European Conference on Safety and Reliability ESREL 2001, Torino, Italy, 2001: 1547-1554.

［112］QIAN G A, LEI W S. A statistical model of fatigue failure incorporating effects of specimen size and load amplitude on fatigue life[J]. Philosophical Magazine, 2019, 99(17): 2089-2125.

［113］HE J C, ZHU S P, LIAO D, et al. Combined TCD and HSV approach for probabilistic assessment of notch fatigue considering size effect[J]. Engineering Failure Analysis, 2021, 120: 105093.

［114］ZHU S P, AI Y, LIAO D, et al. Recent advances on size effect in metal fatigue under defects: a review[J]. International Journal of Fracture, 2021, 234: 21-43.

［115］CARPINTERI A, SPAGNOLI A. A fractal analysis of size effect on fatigue crack growth[J]. International Journal of Fatigue, 2004, 26(2): 125-133.

［116］辛朋朋. 基于最弱环理论的缺口疲劳寿命预测方法研究[D]. 南京：南京航空航天大学, 2012.

［117］WEIBULL W. A statistical distribution function of wide applicability[J]. Journal of Applied Mechanics, 1951, 18(3): 293-297.

［118］WEIBULL W. A statistical theory of the strength of materials[R]. Stockholm, 1939.

［119］王卫国, 卿华, 温卫东. 服从威布尔分布的小子样疲劳寿命分散系数及其应用[J]. 燃气涡轮试验与研究, 2006, 19(1): 39-41.

［120］钱桂安. 最弱链接理论——从概率断裂到疲劳可靠性[C]. 第三期材料疲劳专题学术研讨会, 成都, 2018: 1-47.

［121］奚蔚. 缺口件疲劳寿命分布及参数敏度分析[D]. 南京：南京航空航天大学, 2012.

［122］傅惠民，刘成瑞. ε-N 曲线和 P-ε-N 曲线整体推断方法［J］. 航空动力学报，2006，21（6）：957-961.

［123］KLEMENC J, FAJDIGA M. Estimating S-N curves and their scatter using a differential ant-stigmergy algorithm［J］. International Journal of Fatigue, 2012, 43（1）：90-97.

［124］ZU T P, KANG R, WEN M L, et al. α-S-N curve：A novel S-N curve modeling method under small-sample test data using uncertainty theory［J］. International Journal of Fatigue, 2020, 139：105725.

［125］SCHWEIGER G, HECKEL K. Size effect in randomly loaded specimens［J］. International Journal of Fatigue, 1986, 8（4）：231-234.

［126］FJELDSTAD A, WORMSEN A, HÄRKEGÅRD G. Simulation of fatigue crack growth in components with random defects［J］. Engineering Fracture Mechanics, 2008, 75（5）：1184-1203.

［127］胡绪腾，辛朋朋，宋迎东. 基于最弱环理论的缺口件概率疲劳寿命预测方法［J］. 机械科学与技术，2013，32（2）：164-169.

［128］OKEYOYIN O A, OWOLABI G M. Application of weakest link probabilistic framework for fatigue notch factor to turbine engine materials［C］. The 3th International Conference on Fracture（ICF-13），Beijing, China, 2013：237-244.

［129］QIAN G A, LEI W S, PENG L, et al. Statistical assessment of notch toughness against cleavage fracture of ferritic steels［J］. Fatigue and Fracture of Engineering Materials and Structures, 2018, 41（5）：1120-1131.

［130］奚蔚，姚卫星. 缺口件疲劳寿命分布预测的有效应力法［J］. 固体力学学报，2013，34（2）：205-212.

［131］LI X K, ZHU S P, LIAO D, et al. Probabilistic fatigue modelling of metallic materials under notch and size effect using the weakest link theory［J］. International Journal of Fatigue, 2022, 159：106788.

［132］KUGUEL R. A relation between theoretical stress concentration factor and fatigue notch factor deduced from the concept of highly stressed volume［J］. Proceeding ASTM, 1961, 61：732-748.

[133] SONSINO C M, KAUFMANN H, GRUBIŠIĆ V. Transferability of material data for the example of a randomly loaded forged truck stub axle[R]. SAE Technical Papers. Detroit, 1997.

[134] MURAKAMI Y. Metal fatigue: effects of small defects and nonmetallic inclusions[M]. Oxford: Elsevier, 2002.

[135] HÄRKEGÅRD G, Halleraker G. Assessment of methods for prediction of notch and size effects at the fatigue limit based on test data by Böhm and Magin[J]. International Journal of Fatigue, 2010, 32(10): 1701-1709.

[136] BAUMGARTNER J, LIPP K, BRUDER T, et al. Design methods for reliable fatigue assessment of PM components[J]. Materialwissenschaft und Werkstofftechnik, 2011, 42(10): 894-903.

[137] SUN C Q, ZHANG X, Liu X, et al. Effects of specimen size on fatigue life of metallic materials in high-cycle and very-high-cycle fatigue regimes[J]. Fatigue and Fracture of Engineering Materials and Structures, 2016, 39(6): 770-779.

[138] 李亚波, 宋清源, 杨凯, 等. 试样疲劳性能尺度效应的概率控制体积方法[J]. 力学学报, 2019, 51(5): 1363-1371.

[139] WANG R Q, LI D, HU D Y, et al. A combined critical distance and highly-stressed-volume model to evaluate the statistical size effect of the stress concentrator on low cycle fatigue of TA19 plate[J]. International Journal of Fatigue, 2017, 95: 8-17.

[140] AI Y, ZHU S P, LIAO D, et al. Probabilistic modelling of notch fatigue and size effect of components using highly stressed volume approach[J]. International Journal of Fatigue, 2019, 127: 110-119.

[141] TOMASZEWSKI T, STRZELECKI P, MAZURKIEWICZ A, et al. Probabilistic estimation of fatigue strength for axial and bending loading in high-cycle fatigue[J]. Materials, 2020, 13: 1148.

[142] EL KHOUKHI D, MOREL F, SAINTIER N, et al. Scatter and size effect in High Cycle Fatigue of cast aluminum-silicon alloys: a comprehensive experimen-

tal investigation[J]. Procedia Structural Integrity, 2022, 38: 611-620.

[143] SUN C Q, SONG Q Y. A method for evaluating the effects of specimen geometry and loading condition on fatigue life of metallic materials[J]. Materials Research Express, 2019, 6(4): 046536.

[144] MILELLA P P. Fatigue and Corrosion in Metals[M]. Berlin: Springer, 2013.

[145] TRIDELLO A, FIOCCHI J, BIFFI C A, et al. Size-effects affecting the fatigue response up to 10^9 cycles (VHCF)of SLM AlSi10Mg specimens produced in horizontal and vertical directions[J]. International Journal of Fatigue, 2022, 160: 106825.

[146] NIU X P, ZHU S P, HE J C, et al. Probabilistic and defect tolerant fatigue assessment of AM materials under size effect[J]. Engineering Fracture Mechanics, 2023, 277: 109000.

[147] BERETTA S, FOLETTI S, ROMANO S. Defects and scale effect in LCF for AlSi10Mg obtained by SLM[C]. The 19th International Colloquium on Mechanical Fatigue of Metals, Porto, Portugal, 2018.

[148] BERETTA S. More than 25 years of extreme value statistics for defects: Fundamentals, historical developments, recent applications[J]. International Journal of Fatigue, 2021, 151: 106407.

[149] ROMANO S, BRANDÃO A D, GUMPINGER J, et al. Qualification of AM parts: Extreme value statistics applied to tomographic measurements[J]. Materials and Design, 2017.

[150] 易成, 沈世钊. 分形理论在工程材料疲劳、断裂性能研究中的应用[J]. 哈尔滨建筑大学学报, 1999, 32(5): 11-15.

[151] KOSTESKI L E, ITURRIOZ I, FRIEDRICH L F, et al. A study by the lattice discrete element method for exploring the fractal nature of scale effects[J]. Scientific Reports, 2022, 12: 16744.

[152] 赵少汴. 抗疲劳设计手册[M]. 2版. 北京: 机械工业出版社, 2015.

[153] YANG X P, LIU C R, GRANDT A F. An experimental study on fatigue life vari-

ance, residual stress variance, and their correlation of face-turned and ground Ti-6Al-4V samples [J]. Journal of Manufacturing Science and Engineering, Transactions of the ASME, 2002, 124(4): 809-819.

[154] 高杰维, 戴光泽, 梁树林, 等. 压痕对表面感应淬火中碳钢疲劳性能的影响 [J]. 材料热处理学报, 2016, 37(9): 183-189.

[155] 邵红红, 陈光, 陈康敏. 表面处理对40CrNiMo钢超声疲劳寿命的影响[J]. 材料热处理学报, 2006, 27(4): 65-68.

[156] 罗新民, 张静文, 赵广志, 等. 激光冲击强化对2A02铝合金疲劳行为的影响 [J]. 中国激光, 2009, 36(12): 3323-3328.

[157] 龙骁旋, 陈东林, 何卫锋, 等. 激光冲击强化对镍基高温合金疲劳寿命的影响 [J]. 热加工工艺, 2008, 37(24): 78-79+82.

[158] LIAO D, CHENG L, CORREIA J A F D O, et al. Probabilistic fatigue analysis on a central holed thick steel plate of C1 Wedge Connection for wind turbine tower assembling[J]. Ocean Engineering, 2023, 290: 116328.

[159] MILLER K J, RIOS E R D L. The Behaviour of Short Fatigue Cracks [M]. London: Mechanical Engineering Publications Limited, 1986: 69-86.

[160] SURARATCHAI M, LIMIDO J, MABRU C, et al. Modelling the influence of machined surface roughness on the fatigue life of aluminium alloy[J]. International al Journal of Fatigue, 2008, 32(12): 2119-2126.

[161] LAMBERT D M. Evaluation of the effect of surface finish on high-cycle fatigue of SLM-In718 [C]. The 63rd JANNAF Propulsion Meeting, Hampton, USA, 2016.

[162] HUANG J C, MISCLES E, MELLOR T, et al. Effects of size and surface treatment on fatigue life of fused filament fabrication manufactured acrylonitrile butadiene styrene parts [J]. Journal of Manufacturing Science and Engineering, 2021, 143(8): 084502.

[163] FURUYA Y. Notable size effects on very high cycle fatigue properties of high-strength steel [J]. Materials Science and Engineering A, 2011, 528(15): 5234-5240.

［164］TRIDELLO A. VHCF response of two AISI H13 steels：Effect of manufacturing process and size-effect［J］. Metals, 2019, 9(2)：133.

［165］SHIRANI M, Härkegård G. Large scale axial fatigue testing of ductile cast iron for heavy section wind turbine components［J］. Engineering Failure Analysis, 2011, 18(6)：1496-1510.

［166］SHIRANI M, Härkegård G. Casting defects and fatigue behaviour of ductile cast iron for wind turbine components：A comprehensive study［J］. Materialwissenschaft und Werkstofftechnik, 2011, 42(12)：1059-1074.

［167］苏运来，陆山，董登科，等. 非对称载荷下的应力疲劳寿命模型［J］. 机械强度, 2021, 43(2)：397-403.

［168］杨新华, 陈传尧. 疲劳与断裂［M］. 第二版. 武汉：华中科技大学出版社, 2018.

［169］DOWLING N E. Mean stress effects in strain-life fatigue［J］. Fatigue and Fracture of Engineering Materials and Structures, 2009, 32(12)：1004-1019.

［170］ZHU S P, LEI Q, HUANG H Z, et al. Mean stress effect correction in strain energy-based fatigue life prediction of metals［J］. International Journal of Damage Mechanics, 2017, 26(8)：1219-1241.

［171］DOWLING N E. Mechanical Behavior of Materials：Engineering Methods for Deformation, Fracture, and Fatigue［M］. 4th ed. Essex：Pearson Education Limited, 2012.

［172］PALLARÉS-SANTASMARTAS L, ALBIZURI J, AVILÉS A, et al. Mean stress effect on the axial fatigue strength of DIN 34CrNiMo6 quenched and tempered steel［J］. Metals, 2018, 8(4)：213.

［173］MARIN J. Interpretation of fatigue strengths for combined stresses［C］. International Conference on Fatigue of Metals, New York, USA, 1956：184-192.

［174］INCE A, GLINKA G. A modification of Morrow and Smith-Watson-Topper mean stress correction models［J］. Fatigue and Fracture of Engineering Materials and Structures, 2011, 34(11)：854-867.

［175］MANSON S S, HALFORD G R. Practical implementation of the double linear damage rule and damage curve approach for treating cumulative fatigue damage

[J]. International Journal of Fracture, 1981, 17(2): 169-192.

[176] DOWLING N E. Mean stress effects in stress-life and strain-life fatigue[C]. The 2nd SAE Brasil International Conference on Fatigue, Sao Paulo, Brazil, 2004.

[177] INCE A. A generalized mean stress correction model based on distortional strain energy[J]. International Journal of Fatigue, 2017, 104: 273-282.

[178] ravi chandran k s. a new approach to the mechanics of fatigue crack growth in metals: Correlation of mean stress (stress ratio) effects using the change in net-section strain energy[J]. Acta Materialia, 2017, 135: 201-214.

[179] 苏运来, 陆山, 杨茂, 等. 基于塑性应变能的中低周疲劳概率寿命模型[J]. 航空动力学报, 2018, 33(1): 62-68.

[180] ZHU S P, HUANG H Z, HE L P, et al. A generalized energy-based fatigue-creep damage parameter for life prediction of turbine disk alloys[J]. Engineering Fracture Mechanics, 2012, 90: 89-100.

[181] LIAO D, ZHU S P, GAO J W, et al. Generalized strain energy density-based fatigue indicator parameter[J]. International Journal of Mechanical Sciences, 2023, 254: 108427.

[182] 范志超. 压力容器用钢16MnR中温应力控制下的低周疲劳行为及寿命评估技术研究[D]. 杭州: 浙江大学, 2003.

[183] DE JESUS A M P, RUIZ-RIPOLL M L, FERNÁNDEZ-CANTELI A C, et al. Probabilistic fatigue assessment of a notched detail taking into account mean stress effects[J]. Journal of Pressure Vessel Technology, Transactions of the ASME, 2012, 134(2): 021203.

[184] 王延荣, 李宏新, 袁善虎, 等. 考虑应力梯度的缺口疲劳寿命预测方法[J]. 航空动力学报, 2013, 28(6): 1208-1214.

[185] 刘香, 王延荣, 田爱梅, 等. 考虑尺寸效应的缺口疲劳寿命预测方法[J]. 航空动力学报, 2017, 32(2): 429-437.

[186] 徐楠. 42CrMo钢疲劳可靠性分析与裂纹萌生微观机理研究[D]. 济南: 山东大学, 2006.

［187］YUN W Y, LYU Z Z, ZHANG W X, et al. A novel inverse strain range- based adaptive Kriging method for analyzing the combined fatigue life reliability［J］. Structural and Multidisciplinary Optimization，2021，64：3311-3330.

［188］LUO C Q, KESHTEGAR B, ZHU S P, et al. Hybrid enhanced Monte Carlo simulation coupled with advanced machine learning approach for accurate and efficient structural reliability analysis［J］. Computer Methods in Applied Mechanics and Engineering, 2022, 388: 114218.

［189］ONTIVEROS V, CARTILLIER A, MODARRES M. An integrated methodology for assessing fire simulation code uncertainty［J］. Nuclear Science and Engineering, 2010, 166(3)：179-201.

［190］RILEY M E, GRANDHI R V. Quantification of model-form and predictive uncertainty for multi-physics simulation［J］. Computers and Structures，2011，89(11-12)：1206-1213.

［191］CAIRNS A J G, BLAKE D, DOWD K. A two-factor model for stochastic mortality with parameter uncertainty：Theory and calibration［J］. Journal of Risk and Insurance, 2006, 73(4)：687-718.

［192］刘文杰. 考虑模型不确定性的多模型预测和量化方法研究[D].厦门：厦门大学，2018.

［193］SIMARD J M. Essentially all models are wrong, but some are useful［J］. Neurology, 2015, 85(3)：210-211.

［194］赵丙峰，廖鼎，朱顺鹏，等.机械结构概率疲劳寿命预测研究进展[J].机械工程学报, 2021, 57(16)：173-184+197.

［195］VIRKLER D A, HILLBERRY B M, GOEL P K. The statistical nature of fatigue crack propagation［J］. Journal of Engineering Materials and Technology, Transactions of the ASME, 1979, 101(2)：148-153.

［196］BOGDANOFF J L, KOZIN F. Probabilistic Models of Cumulative Damage［M］. New York：Wiley-Interscience，1985.

[197] 国家市场监督管理总局, 国家标准化管理委员会. 变形铝及铝合金化学成分: GB/T 3190-2020[S]. 北京: 中华人民共和国, 2021: 1-45.

[198] American Society for Testing and Materials. Standard Test Methods for Tension Testing of Metallic Materials: ASTM E8/E8M-16a[S]. America, 2016: 1-30.

[199] American Society for Testing and Materials. Standard Test Method for Strain-Controlled Fatigue Testing: ASTM E606/E606M-12[S]. America: American Society for Testing and Materials, 2012: 1-30.

[200] KOO G H, KWON J H. Identification of inelastic material parameters for modified 9Cr-1Mo steel applicable to the plastic and viscoplastic constitutive equations [J]. International Journal of Pressure Vessels and Piping, 2011, 88(1): 26-33.

[201] 韩剑, 戴起勋, 赵玉涛, 等. 7075-T651 铝合金疲劳特性研究[J]. 航空材料学报, 2010, 30(4): 92-96.

[202] 姚亮亮, 张显程, 刘峰, 等. GH4169镍基高温合金的高温低周疲劳性能[J]. 机械工程材料, 2016, 40(4): 25-29+64.

[203] SUN G Q, SHANG D G, BAO M. Multiaxial fatigue damage parameter and life prediction under low cycle loading for GH4169 alloy and other structural materials[J]. International Journal of Fatigue, 2010, 32(7): 1108-1115.

[204] WU Z R, LI X, FANG L, et al. Evaluation of multiaxial fatigue life prediction criteria for Ni-based superalloy GH4169[J]. Proceedings of the Institution of Mechanical Engineers, Part C: Journal of Mechanical Engineering Science, 2018, 232(10): 1823-1837.

[205] 姚亮亮. 镍基高温合金GH4169蠕变-疲劳交互作用试验研究[D]. 上海: 华东理工大学, 2015.

[206] American Society for Testing and Materials. Standard Test Methods for Elevated Temperature Tension Tests of Metallic Materials: ASTM ASTM E21-20 [S]. America: American Society for Testing and Materials, 2021: 1-9.

[207] SUN G Q, SHANG D G. Prediction of fatigue lifetime under multiaxial cyclic loading using finite element analysis[J]. Materials and Design, 2010, 31(1): 126-133.

[208] 陈建华. 高温缺口件多轴弹塑性有限元分析与寿命预测研究[D]. 北京: 北京工业大学, 2005.

[209] 中华人民共和国国家质量监督检验检疫总局, 中国国家标准化管理委员会. 金属材料轴向等幅低循环疲劳试验方法: GB/T 15248-2008[S]. 中华人民共和国: 中国标准出版社, 2008: 1-17.

[210] 苏运来. 双辐板盘典型应力特征概率寿命模型及寿命可靠性自动优化设计方法[D]. 西安: 西北工业大学, 2018.

[211] LIAO D, ZHU S P, WANG Q Y. Energy field intensity approach for probabilistic notch fatigue modeling of metals under size effect[C]. 2021 International Conference on Translational Research and Innovation in Health, Energy and Environment, Chengdu, China, 2021.

[212] GOŁOŚ K, ELLYIN F. A total strain energy density theory for cumulative fatigue damage[J]. Journal of Pressure Vessel Technology, Transactions of the ASME, 1988, 110(1): 36-41.

[213] ELLYIN F. Cyclic strain energy density as a criterion for multiaxial fatigue failure[C]. The 2th International Conference on Biaxial/Multiaxial Fatigue and Fracture, Sheffield, UK, 1985: 571-583.

[214] ELLYIN F. Fatigue Damage, Crack Growth and Life Prediction [M]. London: Chapman & Hall, 1996.

[215] EL KHOUKHI D, Morel F, Saintier N, et al. The effect of microstructural heterogeneities on the high cycle fatigue scatter of cast aluminium alloys: from an elementary volume to the structure[C]. The 12th International Fatigue Congress, Poitiers, France, 2018.

[216] WU Y L, ZHU S P, LIAO D, et al. Probabilistic fatigue modeling of notched components under size effect using modified energy field intensity approach[J]. Mechanics of Advanced Materials and Structures, 2021, 29(27): 6379-6389.

[217] JAHED H, VARVANI-FARAHANI A, NOBAN M R, et al. An energy-based fatigue life assessment model for various metallic materials under proportional and

non-proportional loading conditions[J]. International Journal of Fatigue, 2007, 29(4): 647-655.

[218] BRANCO R, PRATES P A D, COSTA J D M DA, et al. On the applicability of the cumulative strain energy density for notch fatigue analysis under multiaxial loading[J]. Theoretical and Applied Fracture Mechanics, 2022, 120: 103405.

[219] ZHU S P, FOLETTI S, BERETTA S. Probabilistic framework for multiaxial LCF assessment under material variability[J]. International Journal of Fatigue, 2017, 103: 371-385.

[220] 雷强. 发动机涡轮盘的概率蠕变-疲劳寿命预测[D]. 成都：电子科技大学, 2017.

[221] American Society for Testing and Materials. Standard practice for statistical analysis of linear or linearized stress-life (S-N) and strain-life (ε-N) fatigue data: ASTM E739-10 [S]. America, American Society for Testing and Materials, 2015: 1-7.

[222] PEDROSA B A S, CORREIA J A F D O, REBELO C, et al. Fatigue resistance curves for single and double shear riveted joints from old portuguese metallic bridges[J]. Engineering Failure Analysis, 2019, 96: 255-273.

[223] 谢里阳, 任俊刚, 吴宁祥, 等. 复杂结构部件概率疲劳寿命预测方法与模型[J]. 航空学报, 2015, 36(8): 2688-2695.

[224] 王彬文, 陈先民, 苏运来, 等. 中国航空工业疲劳与结构完整性研究进展与展望[J]. 航空学报, 2021, 42(5): 524651.

[225] LANNING D B, NICHOLAS T, PALAZOTTO A. HCF notch predictions based on weakest-link failure models[J]. International Journal of Fatigue, 2003, 25(9-11): 835-841.

[226] WORMSEN A, SJÖDIN B, HÄRKEGÅRD G, et al. Non-local stress approach for fatigue assessment based on weakest-link theory and statistics of extremes[J]. Fatigue & Fracture of Engineering Materials & Structures, 2007, 30(12): 1214-1227.

［227］QIAN G A, LEI W S, NIFFENEGGER M. Calibration of a new local approach to cleavage fracture of ferritic steels［J］. Materials Science and Engineering: A, 2017, 694: 10-12.

［228］CASTILLO E, FERNÁNDEZ-CANTELI A C. A unified statistical methodology for modeling fatigue damage［M］. Netherlands: Springer, 2009.

［229］SCHIJVE J. Statistical distribution functions and fatigue of structures［J］. International Journal of Fatigue, 2005, 27(9): 1031-1039.

［230］CORREIA J A F D O, APETRE N, ARCARI A, et al. Generalized probabilistic model allowing for various fatigue damage variables［J］. International Journal of Fatigue, 2017, 100: 187-194.

［231］SCHMITZ S, SEIBEL T, BECK T, et al. A probabilistic model for LCF［J］. Computational Materials Science, 2013, 79: 584-590.

［232］MUÑIZ-CALVENTE M, DE JESUS A M P, CORREIA J A F D O, et al. A methodology for probabilistic prediction of fatigue crack initiation taking into account the scale effect［J］. Engineering Fracture Mechanics, 2017, 185: 101-113.

［233］MUÑIZ-CALVENTE M. The generalized local model: A methodology for probabilistic assessment of fracture under different failure criteria［D］. Oviedo, Spain: Universidad de Oviedo, 2017.

［234］SOCIE D F, MARQUIS G B. Multiaxial fatigue［M］. Warrendale: Society of Automotive Engineers, Inc., 2000.

［235］SUN X Y, ZHOU K, SHI S W, et al. A new cyclical generative adversarial network based data augmentation method for multiaxial fatigue life prediction［J］. International Journal of Fatigue, 2022, 162: 106996.

［236］QYLAFKU G, AZARI Z, GJONAJ M, et al. On the fatigue failure and life prediction for notched specimens［J］. Materials Science, 1998, 34(5): 604-618.

［237］OSTASH O P, PANASYUK V V. Fatigue process zone at notches［J］. International Journal of Fatigue, 2001, 23(7): 627-636.

［238］PLUVINAGE G. Notch Effects in Fatigue and Fracture ［M］. Amsterdam: Springer Science+Business Media, B.V., 2001: 1-22.

［239］ADIB-RAMEZANI H, PLUVINAGE G. Theoretical and numerical aspects of the volumetric approach for fatigue life prediction in notched components［J］. International Journal of Fatigue, 2002, 25(1): 67-76.

［240］LI D, HU D Y, WANG R Q, et al. A non-local approach for probabilistic assessment of LCF life based on optimized effective-damage-parameter［J］. Engineering Fracture Mechanics, 2018, 199: 188-200.

［241］WANG J K, YANG X G. HCF strength estimation of notched Ti-6Al-4V specimens considering the critical distance size effect［J］. International Journal of Fatigue, 2012, 40: 97-104.

［242］BENEDETTI M, FONTANARI V, SANTUS C, et al. Notch fatigue behaviour of shot peened high-strength aluminium alloys: Experiments and predictions using a critical distance method［J］. International Journal of Fatigue, 2010, 32(10): 1600-1611.

［243］HE J C, ZHU S P, LIAO D, et al. Probabilistic fatigue assessment of notched components under size effect using critical distance theory［J］. Engineering Fracture Mechanics, 2020, 235: 107150.

［244］吴志荣. 钛合金多轴疲劳寿命预测方法研究［D］. 南京: 南京航空航天大学, 2014.

［245］SEIBERT P, TAYLOR D, BERTO F, et al. Energy TCD - robust and simple failure prediction unifying the TCD and ASED criterion［J］. Engineering Fracture Mechanics, 2022, 271: 108652.

［246］HÖGLIND W, LUNDIN S. A method for predicting fatigue in notches utilizing CAE and the theory of critical distances［D］. Gothenburg, Sweden: Chalmers University of Technology, 2022.

［247］KOH S K. Fatigue damage evaluation of a high pressure tube steel using cyclic strain energy density［J］. International Journal of Pressure Vessels and Piping, 2002, 79(12): 791-798.

［248］LIN Y C, CHEN X M, LIU Z H, et al. Investigation of uniaxial low-cycle fa-

tigue failure behavior of hot-rolled AZ91 magnesium alloy[J]. International Journal of Fatigue, 2013, 48: 122-132.

[249] Dallmeier J, Denk J, Huber O, et al. Deformation behavior and fatigue analysis of magnesium wrought alloys under variable amplitude loading[J]. Materials Today: Proceedings, 2015, 2(1): S119-S124.

[250] ROOSTAEI A A, PAHLEVANPOUR A H, BEHRAVESH S B, et al. On the definition of elastic strain energy density in fatigue modelling[J]. International Journal of Fatigue, 2019, 121: 237-242.

[251] TAYLOR D. Applications of the theory of critical distances in failure analysis[J]. Engineering Failure Analysis, 2011, 18(2): 543-549.

[252] ASKES H, LIVIERI P, SUSMEL L, et al. Intrinsic material length, theory of critical distances and gradient mechanics: analogies and differences in processing linear-elastic crack tip stress fields[J]. Fatigue & Fracture of Engineering Materials & Structures, 2013, 36(1): 39-55.

[253] YU Z Y, ZHU S P, LIU Q, et al. A new energy-critical plane damage parameter for multiaxial fatigue life prediction of turbine blades[J]. Materials, 2017, 10 (5): 513-530.

[254] 戴彭丹. 基于取向差和气膜孔的镍基单晶合金DD6蠕变性能研究[D]. 武汉: 武汉理工大学, 2017.

[255] ZHU S P, LIU Q, LEI Q, et al. Probabilistic fatigue life prediction and reliability assessment of a high pressure turbine disc considering load variations[J]. International Journal of Damage Mechanics, 2018, 27(10): 1569-1588.

[256] LIU X, WANG R Q, HU D Y, et al. A calibrated weakest-link model for probabilistic assessment of LCF life considering notch size effects[J]. International Journal of Fatigue, 2020, 137: 105631.

[257] MAYORGA L G, SIRE S, CORREIA J A F D O, et al. Statistical evaluation of fatigue strength of double shear riveted connections and crack growth rates of materials from old bridges [J]. Engineering Fracture Mechanics, 2017, 185: 241-257.